BEIFANG
LINJIAN ZHONGYAOCAI
ZAIPEI JISHU

北方

林间中药材
栽培技术

谷佳林　周志杰　魏 丹　主编

U0394785

中国农业出版社
北京

编 委 会

序

中华医药是我国传统文化的重要组成部分，是中华民族五千年悠久文化传承的瑰宝，是现今世界保留最完整的医学体系。当前，中国特色社会主义进入新时代，大力推进乡村振兴战略，满足人民群众对健康美好生活的需求，中医药事业所承载的基础保障、助力支撑作用日益凸显。

2012年国务院办公厅出台了《关于加快林下经济发展的意见》，2021年国家林业和草原局印发了《全国林下经济发展指南（2021—2030年）》，上述文件明确了国家发展林药模式总体思路与政策导向。林药是林业发展和中草药生产相结合的产物，可实现中药材种植不与农田抢地，并能提高林地的利用效率，是生态林业和绿色中药材生产可持续发展的重要途径之一。

我国北方地区林地面积广大且资源丰富，凭借自然生态优势，很多地区非常适合进行林间中药材种植。诸多科研单位、农业企业和广大药农均积极开展林药种植相关技术的研究与探索，形成了系列高效栽培管理技术。但由于我国北方地区自然资源及气候条件存在一定差异，导致林药栽培技术需要根据区域土壤、水资源、林地条件等因素，因地制宜推广应用。《北方林间中药材栽培技术》一书，筛选了适合北方林间种植的 35 种中药材，借鉴了前人的智慧和经验，在保留传统栽培技术精华的基础上，立足北方中药材产业发展需求，融入了诸多林药种植新理念、新成果、新技术、新方法，对于提高北方林间中药材种植管理水平，提升药材的产量和品质，具有一定的促进作用。

作为一部工具书，希望该书能在助力绿色发展、乡村振兴、健康中国、美丽乡村建设、精准扶贫的伟大实践中发挥作用。让广大读者开卷有益，践法得道，是编者的初衷。

是为序。

田伟

2023 年 6 月

前　言

　　2012年国务院办公厅出台了《关于加快林下经济发展的意见》（国办发〔2012〕42号），2014年国家林业局编制了《全国集体林地林下经济发展规划纲要（2014—2020年)》，2021年国家林业和草原局印发了《全国林下经济发展指南（2021—2030年)》，上述文件均对发展林药模式给予了政策支持。因此，近年来，林药间作发展迅猛，取得了很好的成效，获得了良好的经济、社会和生态效益。随着我国中医药产业的快速发展及广大人民群众对健康生活认知的提升，中草药需求量逐年增加。为了节约我国有限的耕地资源，2018年中药行业提出"不向农田抢地"的宣言。我国北方地区林地面积广大且资源丰富，凭借自然生态优势，很多地区非常适合进行林间中药材种植。为了进一步促进林药产业的发展，北京市农林科学院组织专业人员，针对当前北方地区林间中药材种植技术的实际需要，编写了《北方林间中药材栽培技术》一书。在保留传统栽培技术精华的基础上，吸收了林药种植新理念、新成果、新技术、新方法，对于提高北方林间中药材种植水平，提高药材的产量和质量，增加农民的收益，促进农林复合绿色发展具有重要的意义。

本书选取了适合北方林间种植的 35 种中药材（甘草、黄芩、枸杞、板蓝根、桔梗、丹参、金银花、柴胡、黄连、薄荷、菊花、赤芍、苍术、百合、番红花、黄精、蒲公英、食用玫瑰、欧李、红景天、紫苏、当归、升麻、防风、刺五加、葛根、党参、藁本、玉竹、拳参、白芷、白头翁、白薇、知母、五味子），详细介绍了其在林间的栽培管理技术，其中包括选地、整地、繁殖方法、田间管理、采收与加工等内容。本书内容丰富、实用性强，是一部指导林间中药材种植的参考书籍。书中列举了一些农药的用法和用量，其只作为参考，生产中应遵循农药产品说明书使用，建议先做小面积试验，若无问题再大面积使用。

本书的出版得到了北京市乡村振兴科技项目"远山区固土保水林药种植关键技术试验示范"、中国与联合国开发计划署合作水资源管理方案之"密云水库面源污染生态控制与环境可持续发展研究"项目的资助。本书的编写得到了北京市农业农村局、北京市耕地建设保护中心、河北省承德市农林科学院、北京市房山区种植业技术推广站及众多行业专家的鼎力支持，书稿撰写过程中参考了大量文献及书籍资料，限于篇幅未能一一列出，在此一并表示诚挚感谢！

由于经验不足及水平所限，书中难免存在疏漏和不妥之处，望业内同仁和读者批评指正，以便再版时修改和完善。

编 者

2023 年 6 月

目 录

序
前言

甘 草

甘草（*Glycyrrhiza uralensis*）为豆科甘草属植物。别名田甘草、甜草根、红甘草、粉甘草、乌拉尔甘草、甜根子、甜草、国老、甘草苗头、甜草苗。

一、形态特征

甘草一般株高 30～100 cm。全身被有白色短柔毛和腺毛。地上茎直立，下部木质化，小枝有棱角，绿色。叶互生，为奇数羽状复叶。小叶 3～8 对，卵圆形或卵状椭圆形，全缘，顶端小叶较大。总状花序，腋生，花梗极短，基部下方有一卵形小苞片，花萼钟状，绿色，花冠蝶形，紫红花或蓝紫花。果实为荚果，狭矩形，弯曲成镰刀状或半环状，褐色，密被刺状茸毛。种子 5～8 粒，卵圆形而微扁，表面平滑，褐色。

二、产地

主要分布于内蒙古、宁夏、新疆、黑龙江、吉林、辽宁、北京、河北、山西、陕西、甘肃等地，山东、河南亦有少量分布。俄罗斯、西伯利亚、哈萨克斯坦、吉尔吉斯斯坦、塔吉克斯坦、蒙古国、巴基斯坦、印度、阿富汗、韩国也有分布。

三、生长环境

甘草属多年生宿根草本植物，根系发达，是一种深根性植物，喜光、耐旱、耐热、耐瘠薄、耐盐碱，可耐－10 ℃的低温，怕积水，多生长于北温带地区海拔 200 m 以下的平原山谷或河谷。适合在向阳干燥沙地、草原、河岸及荒漠与半荒漠环境中土层深厚、地下水位低的沙质壤土中生长；黏性土及排水不良的低凹地不宜栽培甘草，地下水位高的地方也不宜栽培甘草，容易引起烂根死苗。

四、栽培技术

（一）选地与整地

1. 选地

由于甘草为深根性药用植物，耐旱，忌水涝，尤喜钙质土，因此，育苗地应选择在土层深厚（土层厚度大于 50 cm）、土质疏松、土壤通透性良好、光照充足、盐碱度低的沙质壤土上，pH 7.3～7.7，同时应具备灌水条件。移栽地块除了条件较好的耕地外，荒坡、河滩沙地、林间空地均可利用。不宜选择前茬为豆科植物的地块以及黑土地、黄土地、白浆土、洼地、排水不良的地块。由于甘草喜光，因此林间种植应选择密度较低的林地或幼苗期林地，郁闭度宜低于 30%。

2. 整地

栽培甘草关键之一是选择适宜的地块。一般土层深厚的沙质壤土，耕翻 25～35 cm 即可。可采用垄作、畦作、平作。地势比较低、地下水位高的可垄作或做成高畦，畦高 13～20 cm；地势高、地下水位低的可平作。山坡地宜垄作，但需横坡起垄以保持水土。由于栽培甘草的地方多为干旱地区，目前多实行平作，极少做高床。畦宽 110～150 cm（畦长自定）。最好进行秋翻整地，春翻必须保墒，否则影响出苗和保苗。以充分腐熟的商品有机肥作为基肥，每亩①施用量 2 000～3 000 kg，同时加过磷酸钙 50 kg，可再加适量草木灰，基肥混匀后撒于地面，深翻 25～30 cm，整平耙细，做成长畦。

（二）繁殖方法

1. 种子繁殖

（1）种子采收。甘草主要靠种子繁殖，进行人工栽培时必须每年采种。为保证种子成熟度一致，可在开花结实时，摘除靠近分枝梢部的花或果，这样可以获得大而饱满的种子。采种以荚果内种子由青色刚变为褐色时为宜，这样的种子硬实率低，处理简便，出苗率高。采种不可过早，否则发芽率低，幼苗长势弱。

（2）种子处理。甘草种子比较坚硬，种皮透水性差，自然条件下萌发率较低，在选种子做播种材料时，首先要选择籽粒饱满、无虫蛀、

---

① 亩为非法定计量单位，1 亩＝1/15 hm²。——编者注

无腐烂的当年种子，其次要对种子进行处理。种子处理方法包括：

①机械处理：用砂纸摩擦种皮，一般摩擦种皮 50～60 min，可以提高种子发芽率 70%～80%。大面积栽培时，常采用电动磨米机碾磨，碾磨时以划破种皮为宜，不能损伤子叶。一般需打磨 2 次，打磨时长视种皮破损情况而定。

②沸水浸种：方法是将种子用纱布包好，置于沸水中烫 10 s，迅速取出，再放入冷水中浸 30 min，然后把种子重新放入温水中，直到种子膨胀。经过处理，甘草种子发芽率可提高 15%～20%。

为防止地下害虫破坏种子、咬伤幼根，播种前，处理好的种子必须进行药剂处理：将种子摊开，取 50%辛硫磷乳油 100 mL，加水 5 kg，用喷雾器均匀地把药液喷在 50 kg 的种子上，然后把种子堆起来闷 2～3 h，再摊开晾干，待播。

（3）播种育苗。播种可在春、夏、秋三季进行。甘草种子在气温 10～15 ℃时即可发芽，发芽适温为 20～25 ℃。播期以 4 月上中旬为佳，此期间播种，气温适宜，出苗全，产量高。在春季墒情好的地方，多采用春播，不迟于 4 月下旬。在春季干旱地区，可实行夏播，多在即将进入雨季之前播种，利于出苗和保苗。夏季应注意适当提早播种，夏季的高温影响保苗率。近年来，许多地方在秋冬之际播种，播后土壤冻结，第二年春季地温适宜时种子萌动出土。由于春季不翻动土壤，土壤墒情好，甘草出苗保苗率高。甘草的播种方式主要有直播和育苗两种方式。

①直播：生产上可采用穴播、撒播、条播 3 种播种方式，可根据地形地貌、气候和土壤条件选择。其中采用播种机条播效果最好，播种量、播种深度、均匀度容易控制，出苗比较均匀，便于中耕除草和施肥，以行距 25～35 cm、沟深 2～5 cm、播种后覆土厚 3 cm、每亩播种 2.5～3 kg 为宜。采用垄作时，垄沟宽 5～7 cm，垄沟深 3～5 cm，播幅 3～5 cm，覆土厚度 1～2 cm，压实，每亩播种 2～2.5 kg。此外也可采用平畦条播，按行距 25 cm，沟深 1.5～2 cm，将种子均匀撒入沟内，然后覆薄细土，每亩播种 1.5～2 kg，当苗高 8～10 cm 时，需以株距 3～5 cm 定苗。一般直播后 3 年即可收获。根据以往经验，每年 4 月 8～12 日为最佳播种期，这期间播种的甘草，幼苗生长健壮，抗病力强，优等苗占比大，避开了害虫的高发期。

②育苗：由于甘草为深根性植物，为方便种植，一些地区也有采用

苗圃育苗移栽的方式，一般育苗 1 年后移栽。育苗场地应选择地势平坦，具备灌溉排水条件，交通方便，熟化土层厚、结构疏松、通透性良好、无病虫害史的沙壤土地块进行育苗。播种前对土壤进行杀虫处理，可在整地前将药剂撒入土中。用精选过的优质种子 10～12 kg，可育 1 亩苗木，能满足 8～10 亩大田定植。育苗移栽 4 月下旬至 6 月中旬均可播种，以 5 月为佳。在选好的土地上施肥、耙细耙匀后，按行距 10～15 cm，开 2～3 cm 的浅沟，均匀地将种子播在沟内，覆土镇压，有条件的播后覆盖秸秆保墒，7～10 d 出齐苗，秋末根苗长 30～40 cm 时达到移栽标准。种苗要求移栽前一天开始起苗，先在苗垄头开一深沟，挖到甘草苗根下端，顺垄逐行采挖，起出的甘草苗要分级扎捆，每捆 200 根。

（4）移栽。适宜移栽的时间为早春萌发期和深秋休眠期，可选择春季移栽或秋季移栽。春栽应在 4 月中下旬土壤解冻后，返青前起苗移栽；秋栽在 9 月底至 10 月初上冻之前起苗移栽。边挖边栽，不可将根苗芦头的幼根和须根剪掉。移栽时，沟深 10～15 cm，行距 25～30 cm，株距 15 cm，将甘草根斜摆或平摆在沟内，覆土厚度 5～7 cm；墒情不好的要把覆土厚度增加到 7～10 cm，以利于保墒，上冻前浇 1 次冻水。华北地区秋栽种苗比春栽的成活率及甘草的长势均要好些，东北地区移栽时，务必要防冻、防烂根，宜采用春栽。一般，移栽后 2 年即可收获，产量效益普遍高于种子直播。

温馨提示

　　甘草苗在移栽前必须用甘草专用保根剂浸蘸 30 s，以防止烂根，促进根系生长。

2. 根茎繁殖

采用根茎繁殖时，在秋末或早春化冻后进行。将甘草根茎挖出，繁殖用的根茎多选直径 0.5～1.5 cm 的幼年根茎，切成 10～17 cm 长的小段，每段至少要 2～3 个腋芽。最好是当天栽多少切多少，当天栽不完的根茎，宜用湿沙覆盖保存，第 2 天再栽。垄作，在垄上开 8～10 cm 深的沟，将其顺放于沟内，株距 15 cm，覆土厚 5～6 cm，踩实后浇水，出苗前保持土壤湿润。畦作，在畦面上按行距 30 cm、株距 15 cm 开穴栽植，覆土然后浇透水。

（三）田间管理

1. 间苗与定苗

种子繁殖田，当出苗达 50% 时，揭去覆盖的秸秆，浇水保墒，加强田间管理，育苗田不间苗，来年春季移栽。直播田，由于栽培甘草多在干旱地区，春季墒情不好时将影响出苗和保苗，而为保证全苗，播种量偏高。因此出苗后要视苗情进行间苗，第 1 年保持株距 9～13 cm。可通过 2 次间苗完成，第 1 次在 3 片真叶时进行，以疏散开小苗为好，第 2 次在 5 片真叶时进行定苗，株距 13 cm 左右。

2. 中耕除草

播种保持适宜密度，出苗后及时间苗及除草，保持合理的密度。1 年生小苗间苗时，应同时进行中耕除草。进入雨季之前除草 1 次，秋后再轻耕 1 次，要注意向根部培土，保证甘草安全越冬。第 2 年从返青到春季甘草旺盛生长期，可进行 1～2 次中耕除草，中耕宜浅不宜过深，以免根系受到损伤，影响甘草生长。第 3 年一般可进行 1 次中耕除草，如果杂草危害不重也可不进行中耕除草。

3. 灌溉与排水

播种后的第 1 年是田间管理的最重要时期，苗期如遇干旱，应及时进行浇水。浇水时严禁大水漫灌，否则容易引起烂根死苗。渗水性能差的地块，进入雨季要做好田间排水，防止田间积水，引起烂根死苗。

直播：土壤湿度对甘草生长影响较大，应视土壤墒情确定灌水时间和灌水量。通常定苗后灌第 1 次水，苗高 10 cm 左右时灌第 2 次水，如遇降水可适当减少灌溉次数，秋季雨水较多时要注意排水。

移栽：适时灌水，通常苗出齐后灌第 1 次水，苗高 7～10 cm 时灌第 2 次水，分枝期灌第 3 次水。

温 馨 提 示

出苗期注意土壤板结，需除草松土，并做到早除、勤除。

4. 施肥

每年生长期可于早春每亩追施过磷酸钙 17～20 kg，采用开沟法于行间施肥，深 2～5 cm，施肥后覆土灌水。甘草根具有根瘤，有固氮作用，一般不施用氮素肥料。

五、采收与加工

甘草以种子繁殖 3～4 年、根茎繁殖 2～3 年后收获为宜，每年秋末白露后至冬初及春季萌芽前（清明至夏至）均可采挖。以秋季采挖者为佳，采挖应顺着根系生长方向深挖，尽量不挖断，不要伤根皮。挖出后，去净泥土，除去残茎、枝杈、须根等，按规格要求截成适量长短的段，晒至半干，用铡刀将芦头、根尾铡去，然后按根的粗细大小分级并扎成小捆，再晒至全干（含水量 14% 以下），有的将外表皮削去，商品称"粉草"，便于加工成形，提高成品甘草质量和等级。成品甘草置于通风干燥处，防蛀。芦头、毛根、根尾打成捆作为毛草待售，用于提炼甘草浸膏。干品水分不宜超过 12%。

六、功效

甘草在中国历代本草书籍中均有记载，甘草不仅是良药，还有"众药之王"的美称。甘草以干燥根及根茎入药，主要成分是三萜类和黄酮类，还含有生物碱、多糖、香豆素、氨基酸及锌（Zn）、钙（Ca）、锶（Sr）、镍（Ni）、锰（Mn）、铁（Fe）、铜（Cu）、铬（Cr）等。药典中规定，甘草中的甘草酸含量不少于 2.0%。甘草性味甘、平，归心、肺、脾、胃经，具有补脾益气、清热解毒、祛痰止咳、和中缓急、祛痰止咳、调和诸药等功效，用于脾胃虚弱、脾虚食少、倦怠乏力、心悸气短、咳嗽痰多、咽喉肿痛、气血不足、脘腹绞痛、四肢挛急疼痛、痈肿疮毒等症，可缓解药物毒性、烈性。

黄 芩

黄芩（*Scutellaria baicalensis*）为唇形科黄芩属植物。别名山茶根、土金茶根、黄芩茶、鼠尾芩、条芩、子芩、片芩、枯芩、黄金茶根、烂心草。

一、形态特征

黄芩为多年生草本，株高 30～120 cm。主根粗壮、肉质，略呈圆锥形，其表皮棕褐色，有稀疏的细根痕，上部较粗糙，有扭曲的纵纹或不规则的网纹，下部有顺纹和细纹。茎四棱形，丛生，具细条纹，近无毛或被上曲至开展的微柔毛，自基部分枝多而细，基部稍木质化。叶坚纸质，交互对生，近无柄，披针形至线状披针形，长 1.5～5 cm，宽 0.3～1.2 cm，顶端钝，基部圆形，全缘，上面暗绿色，无毛或疏被贴生至开展的微柔毛，下面色较淡，无毛或沿中脉疏被微柔毛，密被下陷的腺点，侧脉 4 对，侧脉与中脉上面下陷、下面凸出；叶柄短，长 2 mm，腹凹背凸，被微柔毛。花序在茎及枝上顶生或腋生，总状，长 7～15 cm，具叶状苞片，常于茎顶聚成圆锥花序；花梗长 3 mm，与序轴均被微柔毛；苞片下部者似叶，上部者远较小，卵圆状披针形至披针形，长 4～11 mm，近于无毛。花萼开花时长 4 mm，盾片高 1.5 mm，外面密被微柔毛，萼缘被疏柔毛，内面无毛，果时花萼长 5 mm，有高 4 mm 的盾片。花冠紫、紫红至蓝色，长 2.3～3 cm，外面密被具腺短柔毛，内面在囊状膨大处被短柔毛；冠筒近基部明显膝曲，中部径 1.5 mm，至喉部宽 6 mm；冠檐 2 唇形，上唇盔状，先端微缺，下唇中裂片三角状卵圆形，宽 7.5 mm，两侧裂片向上唇靠合。雄蕊 4，稍露出，药室裂口有白色髯毛，前对较长，具半药，退化半药不明显，后对较短，具全药，药室裂口具白色髯毛，背部具泡状毛；花丝扁平，中部以下前对在内侧、后对在两侧被小疏柔毛。花柱细长，先端锐尖，微裂。花盘环状，高 0.75 mm，前方稍增大，后方延伸成极短子房柄。子房 4 深裂，褐色，无毛，生于环状花盘上；

蒴果卵球形，高 1.5 mm，径 1 mm，包围于宿萼中，黑褐色，具瘤，腹面近基部具果脐。花期 6～9 月，果期 8～10 月。

二、产地

我国野生黄芩资源分布广泛，包括东北地区、华北地区全部和部分华中地区、西南地区。分布界北起大兴安岭山脉，南到河南中南部，西至鄂尔多斯高原。多野生于山坡、林缘、路旁、中高山地或高原草原等向阳和较干旱的山区丘陵薄地。人工种植主要在山东、陕西、山西、甘肃四大产区，并集中在山西省绛县南凡镇、夏县瑶峰镇、新绛县万安镇、万荣县、闻喜县薛店镇等地；陕西省商洛市商州区夜村镇、洛南县景村镇、丹凤县棣花镇和商镇，渭南市临渭区桥南镇等地；山东省沂蒙山区、莒县库山乡、济南市莱芜区茶叶口镇、沂水县富官庄镇等地；甘肃省陇西县、渭源县、漳县、岷县、宕昌县、河西走廊等地。河北、辽宁、山东、内蒙古、黑龙江等地也有种植。以山西产量最大，河北质量最好。河北承德所产黄芩以条粗长、质坚实、外皮金黄而著称于世，被誉为"热河黄芩"。

三、生长环境

黄芩喜温暖凉爽气候，耐寒、耐旱、耐瘠薄，可生长于半湿润、半干旱地区林缘。野生黄芩常见于山顶、山坡、林缘、路旁等。黄芩生长期是 4～10 月，适合野生黄芩生长的环境条件一般为海拔 600～1 500 m，年平均温度－4～8 ℃，最适年平均温度 2～4 ℃，总积温 3 800 ℃左右。黄芩耐寒力较强，成年植株的地下部在－35 ℃低温下仍能安全越冬，35 ℃高温不致枯死，但不能经受 40 ℃以上连续高温天气；年降水量要求比其他旱生植物略高，在 400～600 mm；一般土壤均可种植黄芩，其中土层深厚、肥沃的中性和微酸性壤土或沙质壤土较适宜，土壤过于黏重易烂根，且影响产量和品质。排水不良、易积水地不宜栽培，重者烂根死亡。忌连作。

四、栽培技术

（一）选地与整地

1. 选地

林间人工栽培黄芩应选择排水良好、土层深厚、土质疏松肥沃的沙质壤土、腐殖质壤土为佳，林间郁闭度不宜超过 30％。排水不良、易积水的地方不宜栽培。种过黄芩的地块需隔 3～4 年再进行种植。

2. 整地

宜在秋天进行，前茬作物收获后即可翻耕。翻耕前，每亩施用腐熟厩肥 2 000～2 500 kg 或商品有机肥 2 000 kg 作为基肥，然后旋耕 25～30 cm 深，耕碎耙细整平，垄作或畦作均可。垄作，垄宽 60 cm 左右；畦作，畦宽 1.2～1.5 m，长短不限，畦高 15 cm 左右，作业道宽 30 cm 左右；干旱地区也可采用平作栽培。育苗床应采用畦作，阳畦和温床均可。

(二)繁殖方法

黄芩的繁殖方法一般为种子繁殖和分根繁殖。

1. 种子繁殖

种子繁殖分为直播和育苗移栽 2 种方式，直播省工、根系直、根权少、商品外观质量好，但用种量多、易缺苗、幼苗期管理费工。如小面积栽培，为了精耕细作提高产量，或在山坡旱地直播难以保苗的，一般采用育苗移栽法。

(1) 留种与采种。选择长势良好、无病害的 2～3 年生黄芩种植地块作为采种圃。黄芩花果期长达 90 d，且成熟期不一致，极易脱落，采种应随熟随采、分批采收，一般于 8～9 月花枝中下部宿萼变为黑褐色、上部宿萼呈黄色时，手捋花枝或将整个花枝剪下，稍晾晒，随后脱粒清选，放阴凉通风干燥处储藏；也可在大部分蒴果由绿变黄时，连果序剪下晒干脱粒，经精选后置于阴凉干燥通风处备用。

(2) 种子催芽。黄芩种子虽小，但发芽率较高，一般在 80％以上。采用种子繁殖时，在播前常进行浸种催芽，做法是将种子用 40～45 ℃ 温水浸泡 5～6 h，捞出置于 20～25 ℃ 条件下保温保湿催芽，待绝大多数种子裂口时即可播种。

(3) 播种。

①播种时期：直播对播种季节要求不严格，春播、夏播、秋播均可。北方有浇灌条件的地方，于 4 月中下旬 5 cm 地温稳定在 12～15 ℃ 时即可播种，春季土壤水分不足、无灌溉条件的地方，应抢墒播种，北方直播以早春和晚秋为好，或者在雨季及初秋套播；育苗移栽以 4 月上中旬播种为宜。

②播种方法：有直播和育苗两种方式。

直播：多采用条播。畦作按行距25～30 cm开2～3 cm浅沟，踩好底格子，然后将种子拌5倍细沙均匀撒入沟内，覆土1 cm厚，播完轻轻镇压，每亩播种量1 kg左右，播后经常保持土壤湿润，大约15 d即可出苗；垄作，将垄背耧平，露出湿土，用镐开一浅沟，将种子均匀播于沟内，覆土1 cm厚。

育苗移栽：条播、撒播均可。在播种前浇足底水，将已催芽的种子拌细沙均匀撒于床面，上盖1 cm厚过筛细土，并在苗床上加盖塑料薄膜、秸秆或杂草，增温保湿。7～10 d即可出苗。条播每亩播种1～1.5 kg，撒播每亩播种2～3 kg。

（4）移栽。

①起苗：1年生苗秋季茎叶枯萎后（10月）或第二年春季萌动前（4月中旬）起苗。起苗时注意要深挖，避免挖断主根或伤根皮，去除病、残、弱株，根据根长和分权情况将种苗分等级，起苗后应立即移栽。

②种苗的储藏与运输：起苗后应立即移栽，如需运输，应注意保湿，勿失水分。同时，也应注意通风，防止过热霉烂。

③移栽方法：育苗移栽法可节省种子，延长生长时间，利于确保全苗，但较为费工，同时移栽黄芩主根较短，根权较多，商品外观品质差，一般在种子昂贵或者旱地缺水直播难以出苗保苗时采用。在做好的畦上，按行距25～30 cm开沟，将根苗按株距8～10 cm斜插于沟内，覆土盖住芦头3 cm，压实后浇定根水，墒情好可不浇水。

2. 分根繁殖

4月上旬于黄芩尚未萌发新芽之前，挖出3年生全株。选择无病虫害且根茎比较完整者，切取主根留供药用，然后依据根茎生长的自然形状用刀劈开，每株根茎分切成若干块，每块都具有几个芽眼，按照株距10 cm、行距30 cm植入大田，每穴一块，覆土3 cm厚，稍镇压，浇水，保持土壤湿润。只要土温正常，约20 d就能发芽、出苗。于栽植之前在50～100 mg/kg ABT生根粉溶液中浸泡2 h，或用100 mg/kg赤霉素溶液浸泡24 h，效果更好，植株生长繁茂。应用分根繁殖法栽培黄芩，能够节省播种育苗阶段的时间和劳动力，可缩短从种到收的生产周期。老药材产区当地有足够的老苗可供作为分根繁殖材料，因地制宜就地繁殖，对扩大栽培面积是极为有利的。

此外还可利用扦插进行繁殖，扦插虽可繁殖，但生产中很少采用。扦插成败的关键在于扦插时间和插条。扦插时间以 5～6 月扦插成活率高。插条应选茎尖半木质化的幼嫩部分，扦插成活率可达 90％以上。

（三）田间管理

1. 出苗前管理

无论哪种繁殖方式，从种植到出苗期间应保持土壤湿润，以利出苗。

2. 间苗与定苗

出苗后，应间去过密的苗。间苗宜早不宜晚，过晚会影响幼苗生长发育。苗齐后，对过密的部位及时进行疏苗。苗高 6～8 cm 时，直播田按株距 8～10 cm 定苗，缺苗处可在过密的苗中选壮苗带土补种。育苗田，苗高 3 cm 时，去掉秸秆、杂草或地膜，按株距 3～5 cm 进行间苗、定苗。

3. 中耕除草

直播或育苗移栽，幼苗生长缓慢，出苗后至封垄，要松土除草 3～4 次。第 1 次在苗齐后，宜浅，以免埋苗；第 2 次于定苗后，松土宜浅；以后视杂草生长情况再中耕除草 1～2 次。黄芩幼苗期植株较弱，除草时靠近幼苗的草要用手拔除。以后每年春季返青前要清洁田间，楼地松土；返青至封垄前，仍要中耕除草 2～3 次，以免影响黄芩生长。

4. 追肥

苗高 10～15 cm 时，追肥 1 次，施用量为每亩用人畜粪水 1 500～2 000 kg。6 月底至 7 月初，每亩追施过磷酸钙 20 kg，尿素 5 kg，行间开沟施下，覆土后浇水。次年收获的待植株枯萎后，于行间开沟，每亩追施腐熟厩肥 2 000 kg、过磷酸钙 20 kg、尿素 5 kg、草木灰 150 kg，然后覆土盖平。黄芩生长期内，每年要追肥 1～2 次。以氮、磷、钾三种肥料配合施用效果最好。在北方中下等肥力条件下，3 年追施总量以每亩追施纯氮 14～16 kg、有效磷 7～8 kg、硫酸钾 10～12 kg 为宜。其施肥次数、时间及施肥量大体比例是，磷肥与钾肥分别于定苗后（或作为基肥）和第 2 年返青后，分 2 次平均施入；氮肥可于定苗后以及第 2、第 3 年返青后，分 3 次施入，比例分别为 30％、30％、40％。留种田花前要浇灌透水 1 次，配合浇水，每亩适当施入磷、钾肥 20～30 kg，或抽穗前叶面连续喷施 0.5％磷酸二氢钾 2 次，间隔 1 周。同时，在抽穗前每亩叶面喷 0.2% 硼肥溶液 50 kg 一次。

5. 排灌水

出苗后，若土壤水分不足，应在定苗前后浇 1 次水，以后，如果不遇干旱，一般不再浇水，以利蹲苗，促进根系下扎。其他季节及以后年份，如遇严重干旱或追肥时土壤水分不足，也应适当浇水。黄芩怕涝，雨季要及时排出田间积水，以免烂根。

6. 摘蕾

不收种子的田块，在抽出花序前，将花梗减掉，可减少养分消耗，使养分集中供应根部，促进根系生长发育，提高产量。

五、采收与加工

将根刨出（要深刨，防止将根刨断），去净秧茬、泥土、杂质，主根按大、中、小分开。把先后收上来的鲜黄芩分别存放在地势较高之处（防止雨淋、水泡），堆成长条形。勤检查翻倒。加工晾晒时按东西方向打垄，勤翻倒。晒至三成干时，用铁丝筛、竹筛、竹筐或撞皮机撞头遍，将大部分老皮撞掉，呈黑黄色，再晾晒，晒至五六成干时撞第 2 遍，撞净老皮呈红黄色，放席上晾晒（避免沾土），晒至七八成干时撞第 3 遍，撞至黄色，仍放席上晾晒。晒至十成干时在中午撞第 4 遍，撞成黄白色（在撞第 3、4 遍时把漏掉的芩渣随时收入滚筒，快撞几下，每撞一筒需收 2～3 次芩渣）。

温馨提示

在处理鲜黄芩时，应注意以下几方面问题：

①摘净须根，去净秧茬，抖净泥土、石块。

②防止水浸水泡，如果着水，黄芩断面会变为绿色，皮发暗，并沾有泥土。

③采收后装筐、装袋，打捆的要打开捆看一看有没有杂质。

④前 4 d 采收的鲜黄芩放在一起，以后每 3～4 d 采收的放在一起，分别存放，便于加工。

⑤先收的先加工，后收的后加工，采的鲜黄芩要勤检查，防止发霉变质。

六、功效

黄芩以干燥根入药。我国医药古籍《医学启源》载："黄芩，治肺中湿热，疗上热目中肿赤，瘀血壅盛，必用之药。"中医学认为，黄芩味苦、性寒，归肺、胆、脾、大肠、小肠经，具有清热燥湿、泻火解毒、止血、安胎等功效，用于湿温、暑温、肺热烦渴、胸闷呕恶、湿热痞满、泻痢、黄疸、肺热咳嗽、高热烦渴、血热吐衄、痈肿疮毒、胎动不安等。此外黄芩还具有解热、镇静、降压、利尿、降血脂、抗炎、抗变态反应以及提高免疫力等功效，药理研究表明黄芩还具有抗氧化、抗肿瘤作用及对神经细胞、心脑血管系统的保护作用。

枸　杞

枸杞（*Lycium chinense*）为茄科枸杞属植物。别名枸起子、枸杞红实、甜菜子、西枸杞、狗奶子、红青椒、枸蹄子、枸杞果、地骨子、枸茄茄、红耳坠、血枸子、枸地芽子、枸杞豆、血杞子、津枸杞、山枸杞、白疙针、枸棘子、宁夏枸杞。

一、形态特征

枸杞为落叶多分枝灌木，高 0.5～1.5 m，最高可达 2 m 多；树皮幼时灰白色，光滑；老时深褐色，沟裂。树冠开张，枝条细弱，弓状弯曲或俯垂，淡灰色，有纵条纹，棘刺长 0.5～2 cm，生叶和花的棘刺较长，小枝顶端锐尖呈棘刺状。叶纸质或栽培者质稍厚，单叶互生或 2～4 枚簇生、卵形、卵状菱形、长椭圆形、卵状披针形，顶端急尖，基部楔形或狭楔形而下延成叶柄，全缘，上面深绿色，下面淡绿色，无毛，长 1.5～5 cm，宽 0.5～2.5 cm，栽培者较大，可长 10 cm 以上，宽 4 cm。花在长枝上单生或双生于叶腋，在短枝上则同叶簇生；花梗长 1～2 cm，向顶端渐增粗。花萼长 3～4 mm，通常 3 中裂或 4～5 齿裂，裂片多少有缘毛；花冠漏斗状，长 9～12 mm，淡紫色，筒部向上骤然扩大，稍短于或近等于檐部裂片，5 深裂，裂片卵形，顶端圆钝，平展或稍向外反曲，边缘有缘毛；雄蕊较花冠稍短，或因花冠裂片外展而伸出花冠，花丝在近基部处密生一圈茸毛并交织成椭圆状的毛丛，与毛丛等高处的花冠筒内壁亦密生一环茸毛；花柱稍伸出雄蕊，上端弓弯，柱头绿色。浆果红色或黑色，椭圆形或卵圆形，栽培者可成长矩圆状或长椭圆状，顶端尖或钝，长 7～15 mm，栽培者可长 2.2 cm，直径 5～8 mm。种子扁肾形，长 2.5～3 mm，黄色。花期 6～9 月，果期 7～10 月。

二、产地

分布于华北、西北等地。常见于天津、河北、山西、内蒙古、山东、河南、四川、陕西、甘肃、宁夏、青海、新疆等地。

三、生长环境

枸杞对自然条件的适应性较强，具有耐干旱、沙荒、盐碱等性能。常见于林间空地、沟崖、山坡、灌溉地埂和水渠边等处。枸杞适合在肥沃、排水良好的中性或微酸性沙质土上栽培，盐碱土的含盐量不能超过0.2%，在强碱性土壤及黏壤土、水稻田、沼泽地上不宜栽培。

野生枸杞分布在年平均温度 0.6～14.5 ℃的地区；西北、华北地区年平均温度在 5.6～12.6 ℃的温度条件下，枸杞均可良好生长，－25.6 ℃以下越冬无冻害。枸杞是喜光植物，生长发育需要足够的光照，因此要适时合理修剪枝条。此外，在林间种植，对林木的郁闭度要求较高，一般超过 15%不宜种植。枸杞生长需要适宜的水分条件，因此在生产中应具备灌溉排泄条件，地下水位以小于 1.2 m 为宜。

四、栽培技术

(一) 选地与整地

1. 选地

育苗田以向阳排水良好、土层深厚、肥沃的沙壤土或棕壤土为宜。移栽地可选沙壤土或冲积土，要求有充足的水源。土壤含盐量应当低于 0.2%。

2. 整地

育苗前，施足基肥，深翻，做 1～1.5 m 宽的畦。移栽地多进行秋耕，翌春耙平后，按 1.8～2.4 m 的距离挖穴，每穴约施 3 kg 有机肥与穴土拌匀，等待定植。

(二) 繁殖方法

1. 种子处理

应选用优良品种。夏季采摘果大、色艳、无病虫斑的成熟果实，用30～60 ℃温水浸泡 1～2 d，搓除果皮和果肉，在清水中漂洗选出种子，搓揉种子，洗净，晾干备用。枸杞种子很小，千粒重只有 0.83～1 g，为了提高出苗率，育苗前需对种子进行催芽处理，以提高经济效益。将湿沙与种子（1∶3）拌匀，置于 20 ℃室温下催芽，待有 30%种子露白时进行播种，或用清水浸泡种子一昼夜，再进行播种。春、夏、秋季均可播种，以春播为主。

2. 育苗

（1）种子育苗。种子育苗以春季为好（3月下旬至4月上旬），当年即可移栽定植。育苗多采用条播，按30～40 cm行距开沟，沟深1.5～3 cm，将催好芽的种子拌细土或细沙撒于沟内，覆土厚1 cm左右。播种后镇压并覆草保墒。在西北干旱多风地区，可采用深开沟、浅覆土的方法，每亩播种0.3～0.5 kg。苗高1.5～3 cm时，松土除草1次，以后每隔20～30 d松土除草1次。苗高5～6 cm时间苗，并按株距6～10 cm定苗，每亩留苗10 000～12 000株，结合灌水在5月、6月、7月追肥3次，为保证苗木生长，应及时去除幼株离地40 cm部位生长的侧芽，苗高60 cm时应进行摘心，以加速主干和上部侧枝生长，当苗茎基部粗约0.7 cm时即可出苗定植。

（2）扦插育苗。在树液流动前，选择果大、丰产、品质好、抗病力强的优良母株，采直径0.3 cm以上已木质化的1年生枝条，截成15～20 cm长的插穗，插穗剪成上端平口、下端斜口，扎成小捆竖在盆中用15～20 mg/L α-萘乙酸浸泡2～3 h，按30～40 cm行距、6～15 cm株距斜插于苗床中，插条上部露出地面约1 cm即可。

3. 移栽

移栽方式有一穴多株和一穴一株2种方式。由于枸杞根系浅而横生，定植不宜过深，定植时应开大穴，穴浅而平，把根系横盘于穴内，覆土10～15 cm厚，然后踏实、灌水。

（1）一穴多株法。穴距2.3～2.5 m，每穴移栽3株，穴内株间距35 cm左右，呈三角形放入穴中后填土、踩实、浇水。此种定植方式适用于风沙大的地区。当植株生长较强壮时，还需要移走1～2株。

（2）一穴一株法。按每穴1株移栽，此方式适于风沙小的地区，单株定植利于枝条伸展，生长发育好。

（三）田间管理

1. 松土除草

（1）幼树培土。枸杞幼树生长快，尤其在良好的肥水条件下，发枝旺，树冠迅速扩大，但这时主干较细，支撑不起沉重的树冠而被压弯，再加上灌水后被大风吹刮，有时甚至斜躺在地上，影响生长。这时可将弯曲树干下方的土稍加松动，把树扶正，再在树干基部垒一个直径50～60 cm、高20～30 cm的土堆，用它来扶持幼树。还可以对过大的树冠进行疏剪或短截，以减轻树体上部重量，使树势恢复端直生长。

(2) 翻晒园地及中耕除草。3月中旬至4月上旬翻晒园地，使土壤疏松，并起到保墒增温的作用，从而促进枸杞根系活动和树体生长。同时，还可利用阳光杀死杂草和部分害虫。翻地深度，在行间以10～15 cm为宜，树冠下可浅一些。8月中下旬翻晒园地，可以疏松因长期采果等操作而被踏板实的园地土壤，改善土壤物理结构和通透性能，还能把杂草翻压到地里，增加土壤肥力。行间翻晒深度18～22 cm，树干附近浅些，以防伤根。5月、6月、7月上旬各进行1次中耕除草，深度10 m左右。

2. 施肥

10月下旬至11月上旬施基肥，然后冬灌。基肥可用商品有机肥或腐熟的农家肥。一般成年枸杞每公顷施羊粪45 000 kg、油渣3 900 kg。幼年枸杞的施肥量通常为成年树的30%～50%。其方法是在树冠边缘下方开环状沟，深20～25 cm，宽40 cm左右。另外，在枸杞春枝和花果生长旺盛时期需要充足的氮素肥料，尤其在基肥不足的情况下，更应及时补充一些速效氮肥。一般在5月上旬追1次尿素。6月上旬和6月下旬至7月上旬各追1次磷酸二铵。大树每次每公顷225～300 kg，幼树每次每公顷90 kg左右。因为5月上旬是春枝生长和老枝（2年生以上的结果枝）开花结果期，6月上旬是七寸枝（当年春季生长的结果枝）开花结果和老枝果实生长发育期，6月下旬是七寸枝果实生长发育期，也是为秋果生产打基础的时期，因此，这3个时期都要有较充足的肥料。施肥方法有穴状或环状撒施，施后盖土，然后灌水以加速根系对肥料的吸收。还可进行树冠喷肥，配成0.5%氮磷钾肥水，在枸杞花果期喷洒树冠，能提高果实产量和千粒重。

3. 灌溉

枸杞1年中生长发育时间长达6～7个月，其间需要不断供给水分，并于6～7月结合防治蚜虫进行泼水。

(1) 生长结实期。5月初至6月中旬正是枸杞生长、开花、结果的盛期，需水较多。一般4月底或5月初尽早灌头水，以促进七寸枝提前进入旺盛生长期，为其大量结果打下基础。灌头水后6～8 d灌第2遍水。此后若晴天无雨，则每10～15 d灌1次。5月初至6月中旬一般灌水3～4次，其间应结合追施化肥。

（2）采果期。采果在 6 月中旬至 7 月底的 45～50 d 内，这期间温度高，正是果实大量生长发育和成熟的阶段，因此这一时期需水量最大，应勤灌水，以满足枸杞对水分的要求。这段时间一般 5～7 d 灌水 1 次，与采果间隔期一致，即每采 1 次果灌水 1 次。采果期过后常泼水，以防除蚜虫，清洁叶面，增加枸杞园冠层湿度，有助于枸杞的生理活动。若防虫及时，可减少泼水次数，或不泼水。

（3）秋季生长期。在 8 月初至 11 月中旬的 3 个多月时间内，需少量灌水；果实完全采收后，灌水 1～2 次，以便于翻晒园地和促进秋季萌芽生长。这时温度高，水中养分易于分解，有利于枸杞生长；同时，土壤中盐分也易溶解，可起到洗盐压碱作用。翻晒园地修剪后再灌水 1 次，以促秋梢生长。最后在 11 月上中旬，施基肥后灌冻水 1～2 次。各时期每次灌水，一般以 7～10 cm 深为宜。

4. 整形修剪

（1）幼树整形。枸杞栽后离地高 50 cm 定干，当年秋季在主干上部的四周选 3～5 个生长粗壮的枝条作为主枝，并于 20 cm 左右短截，第 2 年春季此枝上发出新枝时将它们于 20～25 cm 处短截作为骨干枝，第 3 和第 4 年仿照第 2 年的办法继续利用骨干枝上的徒长枝扩大，加高和充实树冠骨架。经过几年整形培养，下层各级主枝和骨干枝均已基本建立，这时必须加快扩大树冠结果面积。因此，栽后 5～6 年在下层树冠骨架枝上，选一个接近树冠中心的直立枝，并于 30～40 cm 处摘心，使其抽发新侧枝，可构成上层树冠骨架。经过 5～6 年整形培养，树冠基本形成并进入成年树阶段。

（2）成年树的修剪。可在春、夏、秋三季进行。在枸杞萌芽至新梢生长初期进行春季修剪，主要剪去枯死的枝条。5～6 月进行夏季修剪，剪去徒长枝。但当树冠空缺或秃顶时，要保留徒长枝，并在适当高度摘心，促使其抽发侧枝，起到补空或补顶作用。在 8～9 月进行秋季修剪，若结果期长，修剪期可推迟。主要是剪去徒长枝及树冠周围的老、弱、横条及虫害枝。清除树冠内膛串条枝、老枝、弱枝，使树冠枝条上下通顺、疏密分布均匀、通风透光。

5. 病虫害防治

枸杞黑果病：危害花蕾、花和青果。可在结果期用 1∶1∶100 波尔多液喷射。

　　枸杞根腐病：可用 50％甲基硫菌灵 1 000～1 500 倍液或 50％多菌灵 1 000～1 500 倍液浇注根部。

　　枸杞实蝇：①越冬成虫羽化时，在枸杞园地面每亩撒 5％甲萘威 3 kg 防治；②摘除蛆果深埋，秋冬季灌水或翻土杀死土内越冬蛹。

　　枸杞负泥虫：①春季灌溉松土，破坏越冬场所，降低口虫基数；②4月中旬于枸杞园地面撒 5％甲萘威（1 kg 兑细土 5～7 kg），杀死越冬成虫；③幼虫期可用 1.2％烟碱·苦参碱 1 000 倍液或 1.8％阿维菌素 1 000 倍液喷雾防治。

　　枸杞蚜虫：①用黄色粘虫板捕杀；②保护利用小花蝽、草蛉、瓢虫、蚜茧蜂等蚜虫天敌；③用 10％吡虫啉 1 500 倍液喷洒防治。

　　另外注意防治枸杞瘿螨。

五、采收与加工

　　在果实八九成熟，即果实变成红色或橙红色，果肉稍软，果蒂软松时就可采收。先摘外围和上部果，后摘内膛和下部果。

　　晾晒法：采后及时将鲜果摊在草席上晾晒，先在阴凉处放置 2 d，随后头两天中午阳光强烈时要移至阴处晾晒，厚度不超过 1.5～3 cm，待果皮起皱后再日晒，切忌翻动，以免果实起泡变黑而降低商品价值。果实干后即进行脱把、去杂和分级包装（宜用木箱），然后放于通风干燥处储藏。

　　烘干法：首先在 40～45 ℃条件下烘烤 24～36 h，使果皮略皱，然后 45～50 ℃条件下烘 36～48 h，至果实全部收缩起皱，最后在 50～55 ℃条件下烘 24 h 即可干透。

六、功效

　　枸杞以干燥果实入药，称枸杞子。枸杞子味甘、性平，具有滋阴补血、益精明目等功效。中医常用于治疗因肝肾阴虚或精血不足而引起的头昏、目眩、腰膝酸软、阳痿早泄、遗精、白带过多及糖尿病等。对慢性肝炎、肺结核等有一定疗效。现代医学研究证明，枸杞子具有降低血压、降低胆固醇、软化血管、降低血糖、保护肝脏、提高人体免疫力等作用。枸杞根皮有除湿凉血、补正气、降肺火的功效，主治肺结核低热、骨蒸盗汗、肺热咯血、高血压、糖尿病等。

板 蓝 根

板蓝根为十字花科菘蓝属植物菘蓝（*Isatis tinctoria*）的干燥根。菘蓝别名大蓝、大青、大靛、蓝靛。

一、 形态特征

菘蓝为二年生草本，主根深长，直径5～8 mm，外皮灰黄色，茎直立，绿色，高40～90 cm，顶部多分枝，植株光滑无毛，带白粉霜。基生叶莲座状，长圆形至宽倒披针形，长5～15 cm，宽1.5～4 cm，顶端钝或尖，基部渐狭，全缘或稍具波状齿，具柄；茎顶部叶宽条形，全缘，无柄。总状花序顶生或腋生，在枝顶组成圆锥状；花萼4，绿色；花瓣4，黄色，宽楔形；雄蕊6；雌蕊1，长圆形。短角果近长圆形，扁平，无毛，边缘有翅；果梗细长，微下垂。种子长圆形，长3～3.5 mm，淡褐色。花期4～5月，果期5～6月。

二、 产地

现广泛分布于华北、西北、华中、华东，主产于河北、北京、黑龙江、江苏、安徽、陕西、河南、山西、甘肃、山东、浙江、贵州、内蒙古和辽宁等地，尤以河北安国所产者质量最佳。

三、 生长环境

板蓝根的适应性较强，具有喜光、怕积水、喜肥的特性。对自然环境和土壤要求不严，耐严寒，冷暖地区一般土壤都能种植。其根深长，属于深根类植物，适合在土层深厚、疏松肥沃、排水良好的沙质壤土生长。林间空地也可种植。土质黏重以及低洼易积水地不宜种植。

四、栽培技术

(一)选地与整地

1. 选地

板蓝根是一种深根系药用植物,喜温凉环境,耐寒冷,怕涝。宜选地势平坦、土层深厚、肥沃疏松、含腐殖质丰富的沙质壤土或轻壤土并靠近水源、排灌方便的地方栽培。过沙、过黏、低洼地生长不良,易分杈。

2. 整地

播种前一般先深翻土壤 20～30 cm,沙土地可稍浅些,结合整地每亩施入腐熟农家肥 2 000～3 000 kg、过磷酸钙 50 kg、草木灰 100 kg,翻入土中作为基肥,整平耙细,做成宽 1.5～2.0 m、高 20 cm 的平畦,畦间留 30 cm 宽的作业道。前茬以豆类作物、马铃薯、玉米或油料作物等为佳。前茬作物收获后,及时深耕晒垡,熟化土壤,纳雨保墒。

(二)繁殖方法

1. 选种及采种

1 年生植株不开花结果,春播当年可收根,在收挖时选择无病虫害、根直不分杈、健壮的植株作为种苗,移栽于种子田,行距 30 cm,株距 20 cm。移栽前施肥,翌年出苗后松土除草,施 1 次三元复合肥,促进生长,抽薹开花时追施 1 次磷、钾肥。天旱时浇 1 次水,保证果实饱满。

于 5 月下旬至 6 月上旬,当角果的果皮变黄后,选晴天割下茎秆,进行晾晒。待果实干燥后脱粒并清除杂质,装袋储藏在阴凉、干燥、通风的室内待用。也有的只割取果穗晾晒,待果实干燥后脱粒,清除杂质,装袋储藏待用。

购买种子时,要选粒大饱满的种子,最好做发芽试验,将种子用 30 ℃温水浸泡 4～5 h,播于花盆中,1 周即可出芽,以此可测定种子的优劣,以种子的优劣确定播种量。

2. 种子处理

板蓝根种子因长期存放导致含水量较低,生理活动非常微弱,处于休眠状态。为了打破休眠,播种前需进行浸种催芽处理,方法是用 30～40 ℃的温水浸种 3～4 h,捞起后用湿布包好,置于 25～30 ℃下催芽

3～4 d，并经常翻动种子，待 70% 以上种子露白后即可播种。

3. 播种

（1）播种时间。可采用春播、夏播或秋播。春播在 4 月上中旬，地表温度稳定在 10～12 ℃时为宜。夏播在 5 月下旬至 6 月上旬，秋播在 8 月下旬至 9 月上旬，方法基本相同，只是秋播在结冻前浇 1 次封冻水，保苗越冬。

（2）播种方法。有撒播和条播两种方法，以条播为好，便于管理。播种量一般为每亩 1.5～2 kg。

撒播：将种子均匀撒于畦面，覆 1～2 cm 厚的细土，镇压浇水。春播时为提高地温可进行地膜覆盖栽培。

条播：按行距 20～25 cm 开 2～3 cm 浅沟，将种子撒入沟内，覆土 1～1.5 cm 厚，稍加镇压，播后及时浇水，保持土壤湿润，当气温保持在 18～20 ℃时，7～10 d 即可出苗。

（三）田间管理

1. 间苗、定苗和补苗

幼苗 1～2 片真叶时进行第 1 次间苗，疏去弱苗和过密的苗。幼苗 3～4 片真叶时进行第 2 次间苗，苗距 5～6 cm。幼苗 5～6 片真叶时定苗，遇有缺株，选阴雨天进行补苗。留苗株距 5～10 cm。此外，该阶段要注意保持土壤湿润，以促进养分吸收。

2. 中耕除草和追肥

由于杂草与板蓝根同时生长，齐苗后应及时中耕除草。齐苗后进行第 1 次中耕除草，中耕宜浅，耧松表土即可，杂草要除净。结合定苗进行第 2 次中耕除草和第 1 次追肥，每亩施入有机肥 1 000～2 000 kg、过磷酸钙 40～50 kg、尿素 10 kg 并及时浇水，可促进茎叶生长。

第 1 次收割叶片后应及时中耕追肥，以速效性氮、磷、钾肥为主，每亩可施有机肥 1 000～1 500 kg、尿素 10～20 kg、磷肥 40～50 kg、硫酸钾 20～30 kg，以促进叶和根生长。以后每次收割叶片后应及时中耕追肥，追肥以速效性氮肥为主，每亩施用有机肥 1 000～1 500 kg、尿素 10～15 kg。切忌施用碳酸氢铵，以免烧伤叶片。

3. 排水与灌水

板蓝根生长前期水分不宜太多，以促进根部向下生长。7～9 月雨量较多时，可将畦间沟加深，大田四周加开深沟，以利及时排水，避免烂根。板蓝根生长期间如遇较长时间干旱，就须在早晚进行补灌。切忌在白天温度高时灌水，以免高温灼伤叶片，影响植株生长。

4. 病虫害防治

灰霉病：发病初期，叶片由黄色变成褐黄色，叶片无明显病斑，随着病情加重，叶面出现灰黑色霉状物，严重时叶片枯死。可用苯醚甲环唑（醚菌酯）＋乙嘧酚＋叶面肥（易施帮）进行防治，每隔 15d 喷 1 次，连续喷施 2～3 次。

小菜蛾：以其幼虫咬食叶片，造成缺刻、孔洞，严重时仅留叶脉。在低龄幼虫期用生物制剂生物碱喷雾防治，每隔 7～10 d 喷 1 次，连喷 2～3 次。

五、采收与加工

1. 大青叶加工

每年可采收叶片 2～3 次，6 月下旬苗高 15～20 cm 时可收割一次叶片，8 月叶片重新长成后再割一次。收割叶片时，要从植株基部离地面 2～3 cm 处割取，以使重新萌发新枝叶，继续采收。将叶片运回晒场后，进行阴干或晒干。如阴干，需在通风处搭设遮阴棚，将叶片扎成小把，挂于棚内阴干；如晒干，需放在芦席上，并经常翻动，使其均匀干燥。无论是阴干或晒干，都要严防雨露，避免发生霉变。每亩可采收干叶 200 kg 左右，以叶大洁净、无杂质、叶片完整、暗绿色、无霉味者为佳品。

2. 板蓝根加工

10 月中下旬，当地上茎叶枯萎时，挖取根部。先在畦沟的一边开 60 cm 的深沟，然后顺着向前小心挖取，切勿伤根或断根。运回后，去掉泥土、芦头和茎叶，洗净，晒至七八成干时，扎成小捆，再晒至全干。遇雨天可烤干。干燥的板蓝根可装入布袋、纸包、盒子及用干净的白纸垫底的箱子中，置于干燥、通风良好、不透光的房间或储藏室里，并注意防潮、防霉变、防虫蛀。板蓝根以根长直粗壮、坚实而粉性足者为佳。

六、功效

《中华人民共和国药典》将十字花科菘蓝属菘蓝的干燥根作为正品

板蓝根。板蓝根味苦，性寒，归心、肝、胃经，具有清热解毒、凉血利咽的功效，用于瘟疫时毒、发热咽痛、温毒发斑、痄腮、烂喉丹痧、大头瘟疫、丹毒、痈肿。板蓝根的化学成分有生物碱、木脂素和黄酮等。现代药理研究表明，板蓝根具有抗流感病毒、抗菌、消炎及抗内毒素等作用，临床用于流行性感冒发热、咽喉肿痛、发疹、流行性腮腺炎、流行性乙型脑炎、流行性脑脊髓膜炎、扁桃体炎、急性胃肠炎、细菌性痢疾、丹毒、各种肝炎等各类疾病。以叶入药，药材取名为大青叶，叶中的腺苷具有抗病毒作用。板蓝根和大青叶有相同的药用功效。

桔 梗

桔梗（*Platycodon grandiflorus*）为桔梗科桔梗属植物。别名包袱花、土人参、铃铛花、铃哨花、道拉基、打碗花、和尚帽子花、四叶菜。

一、形态特征

多年生草本，株高 30～120 cm。根粗壮，长倒圆锥形，表皮黄褐色，少分枝。茎直立，无毛，单一或分枝。叶 3～4 枚轮生，有时对生或互生，无柄或有极短的柄，卵形或卵状披针形，长 2～7 cm，宽 0.5～3 cm，先端锐尖，基部宽楔形，边缘有尖锯齿，上面绿色，无毛，下面灰蓝绿色，沿脉被短糙毛。花 1 朵至数朵单生茎顶或集成疏生总状花序；花萼筒钟状，无毛，裂片 5，三角形至狭三角形，长 3～6 mm；花冠蓝紫色，宽钟状，直径 4～6 cm，长约 3 cm，无毛，5 浅裂，裂片宽三角形，先端尖，开展，蓝色或蓝紫色；雄蕊 5，与花冠裂片互生，长约 1.5 cm，花药条形，长 8～10 mm，黄色，花丝短，基部加宽，里面被短柔毛；花柱较雄蕊长，柱头 5 裂，裂片条形，反卷，被短毛。蒴果倒卵形，成熟时顶端 5 瓣裂；种子卵形，扁平，有三棱，长约 2 mm，宽约 1 mm，黑褐色，有光泽。花期 7～9 月，果期 8～10 月。

二、产地

在我国大部分省份均有分布，其范围在东经 100°～145°、北纬 20°～55°，主要分布于安徽、河南、湖北、辽宁、吉林、浙江、河北、江苏、四川、贵州、山东、内蒙古、黑龙江等地；湖南、陕西、山西、福建、江西、广东、广西、云南亦有分布；在西北仅分布于其东部。野生桔梗以东北、内蒙古产量较大；安徽、河南、湖北、河北、江苏、四川、浙江、山东栽培产量较大，尤以安徽亳州、太和一带生产的为道地药材。

三、生长环境

桔梗喜凉爽、湿润，耐寒，忌大风。野生多见于海拔 1 200 m 以下的丘陵地区山坡及草丛中。桔梗对温度的要求并不严格，在 10～35 ℃ 的环境中都能生长，在土壤水分充足、温度 20～25 ℃ 条件下，播种 10～15 d 即可出苗，在 14～18 ℃时，20～25 d 出苗。桔梗有较强的耐寒性，幼苗可以忍耐 -29 ℃ 的低温，而不至于受冻害。桔梗喜湿润但怕水涝，要求年降水量 700～800 mm、播种期降水量 20～25 mm，才能保证正常出苗；开花期降水量大于 25 mm，授粉正常；旺盛生长期降水量大于 350 mm，能够满足正常生长要求。土壤水分过多或积水地块栽培容易造成主根短、支根增多，严重的引起根部腐烂。

桔梗为直根系深根植物，在土壤深厚、疏松、肥沃、排水良好的腐殖质壤土或沙质壤土中生长良好。

四、栽培技术

（一）选地和整地

1. 选地

通常在海拔 1 200 m 以下的丘陵地带，选择地势平坦、土层深厚、肥沃疏松、地下水位低、排灌方便和富含腐殖质的壤土或沙质壤土地块种植。林间空地均可种植。不宜在肥沃的黑土、黏土、沼泽地、盐碱过重的土壤中栽植。前茬作物以豆科、禾本科作物为宜。桔梗 2 年生以后株高可达到 50～100 cm，植株较高，茎秆较细，遇大风容易发生倒伏，选地要避开风口。

2. 整地

种植的前一年秋天，深耕 30～40 mm，使土壤风化，并拣净石块，除净草根等杂物。种植当年，每亩施充分腐熟的圈肥、堆肥、草木灰等混合肥 2 500～3 000 kg、三元复合肥（15 - 15 - 15）25～30 kg，施后犁耙 1 次，整平耙细，做成宽 65～70 cm 的垄，或高 15～20 cm、宽 120 cm 左右的畦，作业道 30～40 cm，干旱地区做平畦，畦长根据灌溉条件和地形而定。

（二）繁殖方法

桔梗主要以种子繁殖为主。但应注意：1 年生桔梗结的种子俗称

"娃娃种"，瘦小而瘪，颜色较浅，出苗率低，且幼苗细弱，产量低，而2年生桔梗结的种子大而饱满，颜色深，播种后出苗率高，植株生长快，产量高，一般单产可比"娃娃种"高30％以上。

1. 留种与采种

1年生植株即有部分开花结果，种子瘦小而瘪，成熟度差，颜色浅，出苗率低，幼苗细弱，不宜留种。最好选择2年生、3年生健壮无病植株留种，种子大而饱满，颜色黑而发亮，播种后出苗率高。9月上中旬，剪去弱小的侧枝及顶端较嫩的花序，使营养集中供给中部果实。9月下旬至10月上旬，桔梗蒴果由绿色转黄褐色，果柄由青变黑，种子变成棕褐色时，即可采收。由于果实成熟期不一致，应分期分批进行采收。如果种植面积过大，不能分期分批采收，也可在种子七八成熟时，一次性采收。具体方法：在果梗枯萎、大部分果实变色、种子基本成熟时，将果枝割下，放于通风干燥处后熟3～4 d，然后在日光下晒干、脱粒、除去杂质。

(温)(馨)(提)(示)

桔梗果实成熟后，应注意及时采收，否则蒴果干裂，种子散落，难以收集。

2. 种子处理

播前种子用0.3％～0.5％高锰酸钾溶液浸种24 h，可提高发芽率并能增产。桔梗种子用50～200 mg/kg赤霉素浸种24 h，有促进萌发的作用。

春播时为了出苗整齐，在播种前可做温水浸种催芽处理：将种子放入50～60 ℃的温水中，不断搅拌至水凉后，再浸泡8 h，将泥土、瘪籽及其他杂质漂出，捞出用湿布包上，放在25～30 ℃的地方，上面用湿麻袋盖好进行催芽，每天早晚用温水冲一下，5～7 d待种子萌动时即可播种。

3. 播种、育苗

分直播和育苗移栽两种模式，因直播产量高于育苗移栽、根直且分权少、便于刮皮加工、质量好，生产上多采用直播。

（1）播种时间。可分为春播、夏播、秋播，以秋播为好。水利条件

好的平原地区多于春季播种，在 4 月中下旬至 5 月上中旬进行；秋播在
10 月中下旬封冻以前进行；春季干旱地区可采用夏播，于 6 月中下旬
至 7 月 15 日前进行。

（2）播种方法。一般采用直播，也可育苗移栽。直播产量高于移
栽，且分枝少，质量好。生产上多采用条播，直播按行距 15～25 cm 开
浅沟，育苗移栽按行距 10～15 cm 开沟，沟深 2～3 cm，幅宽 5～10 cm。
将种子拌 3 倍量细沙或细土均匀撒入沟内，可节省种子用量，且易播撒
均匀。播后在畦田上盖一层草，或覆土 2 cm 厚，稍镇压，以保温、保
湿和防雨水冲刷。直播每亩用种子 0.75～1 kg，育苗田每亩用种子
1.25～1.5 kg，气温 20～25 ℃时约 2 周出苗。

4. 移栽

（1）移栽时期。春秋两季均可进行。秋栽在 10 月中下旬土壤封冻
前进行，春栽在 4 月中下旬萌芽前进行。

（2）种苗准备。育苗田的幼苗生长 1 年后可起苗移栽，即可出圃移
入大田。

种苗起收方法：在移栽前进行，种苗要随起随栽。起苗时，从床或
垄的一头开始，要深刨，以不折断根须为宜，刨出后，抖下泥土，不要
损坏芽苞。起苗后，应把种苗按大、中、小进行分级。按等级分别栽
培，这样移栽的幼苗将来会生长一致，方便管理，同时还可以因地制宜
采取不同的丰产措施。

种苗储藏：如果起苗后不能及时移栽，要将种苗进行假植，在移栽
地附近挖一个长方形的浅坑，将芽苞向上单层斜摆，摆一层种苗后盖一
层土，最后覆草保温保湿。

（3）移栽方法。畦作，在畦面上按行距 15～20 cm 开横沟，沟深
20 cm，将种苗斜栽入沟内，株距 10～13 cm，芽苞向上，不要损伤须
根，栽后覆土踩实，覆土要超过芦头 1～2 cm；如果土壤肥沃，株距可
缩小至 7～9 cm。

（三）田间管理

1. 间苗、定苗、补苗

苗齐后，勤松土除草，苗情太差可结合追肥浇水，保持土壤湿润。
苗高 2～3 cm 时适当间苗，苗高 3～4 cm 时进行第 2 次间苗，去除过密
的苗、小苗、弱苗、病苗。苗高 10～13 cm 时进行定苗，直播田按株距

5～8 cm定苗，育苗田按株距3～4 cm定苗。若有缺苗，则宜选择阴雨天进行补苗，补苗和间苗可同时进行，带土补苗易于成活。

2. 中耕除草

由于桔梗前期生长缓慢，幼苗期宜勤除草松土，苗小时用手拔除杂草，以免伤害小苗，一般3次，第1次在苗高7～10 cm时，1个月之后进行第2次，再过1个月进行第3次，力争做到见草就除。定植以后适时中耕、除草、松土，保持土壤疏松无杂草，松土宜浅，以免伤根。中耕宜在土壤干湿度适中时进行。植株长大封垄后不宜再进行中耕除草。

3. 灌溉和排水

种子发芽出苗和苗期最怕干旱，此期如遇干旱应浇水保苗。出苗前要勤浇水，浇小水，以保持地面湿润，不要漫灌，否则会将种子冲走。出苗后可浇大水。无论是直播还是育苗移栽，天旱时都应浇水。高温多雨季节应及时排除地内积水，否则易发生根腐病，引起烂根。

4. 追肥

6～9月是桔梗生长旺季，6月下旬、7月中旬视植株生长情况各施肥1次，第1次以氮、磷肥为主，可每亩施磷酸二铵5～10 kg、过磷酸钙5～10 kg，或有机肥1 000 kg。第2次以磷、钾肥为主，每亩施过磷酸钙5～10 kg、磷酸二氢钾5～10 kg。

5. 打顶、疏花疏果

苗高10 cm时，2年生留种植株进行打顶，促发侧枝，促进多花多果，后期花因气温下降不能成熟，可在9月上旬疏掉不能成熟的花，以提高种子质量，而非留用植株一律除花，以减少养分消耗，促进地下根的生长。桔梗开花结果会消耗大量养分，影响根部生长。除留种田外，疏花疏果可提高根的产量和质量，可用0.075%～0.1%乙烯利，在盛花期喷洒花蕾，以花朵蘸满药液为宜，每亩用药液75～100 kg，可以达到除花蕾效果，产量较不喷施者增加25%～45%。

6. 防倒伏

2年生以后，桔梗植株高60～100 cm，一般在开花前易倒伏，可在入冬后，结合施肥做好培土工作；翌年春季不宜多施氮肥，以控制茎秆生长；在4月或5月喷施矮壮素，可使植株增粗，减少倒伏。另外，在雨季到来前，结合松土进行清沟培土，防止倒伏。

7. 病虫害防治

轮纹病和纹枯病：主要危害叶片。发病初期可用 50％苯菌灵 1 500 倍液，或 50％多菌灵 1 000 倍液喷施防治。

拟地甲：危害根部。可在 5～6 月幼虫期用 90％敌百虫 800 倍液或 50％辛硫磷 1 000 倍液灌根。

蚜虫、红蜘蛛：危害幼苗和叶片。可用 2.5％鱼藤酮 1 500 倍液或 25％吡虫啉 800～1 000 倍液，每 10 d 喷杀 1 次，压低虫口，减轻危害。

此外，若有蝼蛄、地老虎和蛴螬等危害，可用敌百虫毒饵或用频振式杀虫灯诱杀成虫。

五、采收与加工

一般播后 2 年收获，河北、山东等地也可一年收获。在 10 月中下旬，当叶片黄萎时即可采挖。鲜根挖出后，去净泥土，趁鲜切去芦头。挑出有病斑的根，按大、中、小分成 3 等。如收回太多，加工不完，可用湿沙埋起来，防止外皮干燥收缩，不易刮去。将鲜根浸泡在水中后（浸泡后容易去皮），用清水漂洗干净，捞出沥水。用剪刀去除支根后，用竹刀、木棱、瓷片、玻璃片等刮去外皮，洗净，要随收随剥皮。如果间隔时间长，则外皮干缩，刮皮困难，费工费时，影响质量。外皮刮得干净，干燥得也快。刮皮时不要伤破中皮，以免内心黄水流出影响质量。东北地区常用湿麻袋片包住桔梗的根，然后用手捋去外皮。刮皮后，用清水漂洗干净。刮皮后的鲜根，摊在干燥帘上晾干，或烘干。干燥过程中要经常翻动，到七成干时，堆起来发汗 1 d，使内部水分转移到体外，再干燥至全干。无烘干设备的条件下，遇阴雨天可用无烟煤炕烘，烘至桔梗出水时出炕摊晾，待回润后再烘，反复至干，干鲜比为 25％左右。

药用桔梗以根体坚实，头部直径 0.5 cm 以上，长度不小于 8 cm，表皮白色或黄白色，无须根和杂质，无虫蛀和霉变为合格。以根条肥大、色白、体实、味苦者为佳。

六、功效

桔梗性味苦、辛、平，其中含有三萜皂苷、甾体、多聚糖、脂肪酸、氨基酸、挥发油、多炔、钙、磷、铁、胡萝卜素、维生素等多种成分。有宣肺利咽、散寒、祛痰止咳、消肿排脓之功效，主治外感咳嗽、咳嗽痰多、咳痰不爽、胸膈痞闷、咽喉肿痛、支气管炎等。现代科学研究表明，桔梗还具有降血糖、降血压、降血脂、抗动脉硬化、抗过敏、抗氧化及增强人体免疫力等作用。

丹　参

丹参（*Salvia miltiorrhiza*）为唇形科鼠尾草属植物。别名血参、赤参、紫丹参、红根、红丹参、大红袍。

一、形态特征

多年生直立草本；根肥厚，柱形，细长，肉质，外面朱红色，内面白色，长 5～15 cm，直径 4～14 mm，疏生支根。茎直立，高 30～80 cm，四棱形，具槽，密被长柔毛，多分枝。叶常为奇数羽状复叶，叶柄长 1.3～7.5 cm，密被向下长柔毛，侧生小叶 3～7 片，长 1.5～8 cm，宽 1～4 cm，卵圆形或椭圆状卵圆形或宽披针形，先端锐尖或渐尖，基部圆形或偏斜，边缘具圆齿，草质，两面被疏柔毛，下面较密，小叶柄长 2～14 mm，与叶轴密被长柔毛。轮伞花序 6 花或多花，下部者疏离，上部者密集，组成长 4.5～17 cm 具长梗的顶生或腋生总状花序；苞片披针形，先端渐尖，基部楔形，全缘，上面无毛，下面略被疏柔毛，比花梗长或短；花梗长 3～4 mm，花序轴密被长柔毛或具腺长柔毛。花萼钟形，带紫色，长约 1.1 cm，花后稍增大，外面被疏长柔毛及具腺长柔毛，具缘毛，内面中部密被白色长硬毛，具 11 脉，二唇形，上唇全缘，三角形，长约 4 mm，宽约 8 mm，先端具 3 个小尖头，侧脉外缘具狭翅，下唇与上唇近等长，深裂成 2 齿，齿三角形，先端渐尖。花冠紫蓝色，长 2～2.7 cm，外被具腺短柔毛，尤以上唇为密，内面离冠筒基部 2～3 mm 处有斜生不完全小疏柔毛毛环，冠筒外伸，比冠檐短，基部宽 2 mm，向上渐宽，至喉部宽 8 mm，冠檐二唇形，上唇长 12～15 mm，镰刀状，向上竖立，先端微缺，下唇短于上唇，3 裂，中裂片长 5 mm，宽 10 mm，先端 2 裂，裂片顶端具不整齐的尖齿，侧裂片短，顶端圆形，宽约 3 mm。能育雄蕊 2，伸至上唇片，花丝长 3.5～4 mm，药隔长 17～20 mm，中部关节处略被小疏柔毛，上臂十分伸长，长 14～17 mm，下臂短而增粗，药室不育，顶端连合。退化雄蕊线形，长约 4 mm。花柱远外伸，长 40 mm，先端不相等 2 裂，后裂片极短，前裂片线形。花盘前方稍膨大。小坚果，成熟时暗棕色或黑色，椭圆形，长约 3.2 cm，直径 1.5 mm。花期 4~8 月，花后见果。

二、产地

丹参主产安徽、山西、河北、四川、江苏等地，湖北、甘肃、辽宁、陕西、山东、浙江、河南、广西、江西等地亦产。日本也有分布。根据生态区域可以分为辽东及山东半岛丘陵区、晋辽及黄土高原区、淮南长江中下游丘陵区、湘赣交界的丘陵区、贵州高原区和四川丘陵山地等分布区。野生丹参常见于海拔 120~1 300 m 的山坡、草丛、林下、溪谷旁。

三、生长环境

丹参喜温暖和湿润环境，耐寒、耐旱，地下根能露地越冬。在年平均气温 17.1 ℃，平均相对湿度 77% 的条件下，生长发育良好。野生多见于山坡草丛、沟边、林缘、坡地、路旁、河边、坝界等地方。林间或幼树林下均可种植。丹参属于深根性植物，对土壤适应性强，中性、微酸性及微碱性土壤均可种植，适合生长在土层深厚，质地疏松，较肥沃，保水和排水良好，土壤呈中性、微碱性、微酸性的沙质壤土上。土壤过肥，参根反而不壮，排水不良的低洼地易造成黄叶烂根。在 18~22 ℃ 时，种子播后 15 d 左右即可出苗。春季地温 10 ℃ 时开始返青，20~26 ℃、相对湿度 80% 左右时生长旺盛，秋季气温降至 10 ℃ 以下时，地上部分开始枯萎。在 -15 ℃ 的情况下，根可安全越冬。

四、栽培技术

（一）选地与整地

1. 选地

育苗地应选择地势较高、土层疏松、灌溉方便的地块。第 2 年春天播种前再翻 2 次，结合整地施足基肥，整平耙细后做高畦，四周开好排水沟，以待播种。栽植地宜选择土层深厚、疏松、肥沃、地势较高、排水良好的沙质壤土地块，若在山地林间，则宜选低山坡，坡度不宜太大。

2. 整地

丹参根深，入土约 33 cm 以上。因此，在前作收获之后，应深翻土壤 35~40 cm，结合整地，每亩施入有机肥 2 000~3 000 kg、三元复合肥（15-15-15）50 kg，翻入土中作为基肥。栽前再翻耕1次，整平耙细，做成高25～30 cm的高畦，畦宽1.2～1.3 m，作业道宽25～30 cm，长度视地形而定。干旱地区做成平畦，规格同高畦。四周挖好较深的排水沟，以利排水。

（二）繁殖方法

可采用分根、扦插和种子繁殖。

1. 分根繁殖

作种栽培的丹参一般都留在地里，栽种时随挖随栽。也可以在秋季收获丹参时，选择色红、无腐烂、发育充实、粗0.7～1 cm的根条作为种根，用湿沙储藏至第2年春天栽种。春栽于3月下旬至4月上旬进行。移栽前，将粗0.7～1 cm的嫩根切成5～7 cm的小段作为种根。在畦面上按行距30～45 cm、株距20～30 cm挖穴，穴深4～7 cm，将种栽大头朝上，每穴直立栽入1～2段，栽后先覆盖草木灰，再盖厚1.5～2 cm的细土，注意覆土不宜过厚，否则难以出苗；亦不能倒栽，否则不发芽。繁殖需种根750 kg/hm² 左右。试验结果表明，用根的头尾做种栽培出苗早，用中段做种栽培出苗迟，因此要分别栽种，以便于田间管理。木质化的老根作种栽培，则萌发力差，产量低，不宜采用。分根繁殖要注意防冻，可盖稻草保暖。

2. 扦插繁殖

于6～8月进行扦插繁殖。取丹参地上茎，剪成15～20 cm的小段，下部叶片剪去1/2，随剪随插。在已做好的畦上，按行距20 cm、株距10 cm开浅沟，然后将插条顺沟斜插，插条埋入土中6 cm。扦插后浇水并遮阴。一般15 d左右即可生根，待再生根长至3 cm左右时，即可移植于大田。也可以将带根的枝条直接栽种。

3. 种子繁殖

种子直播、育苗移栽皆可，但多采用育苗移栽的方式。

（1）留种与采种。选择无病、健壮的植株留种。丹参越年开花结实，栽植后的第2年，从5月底或6月初种子开始陆续成熟，持续到10月。在花序上，开花和结籽的顺序是由下而上，下面的种子先成熟。种子要及时采收，否则会自然散落地面。采收时，如留种面积很小，可分期分批采收，即在田间先将花序下部几节果萼连同成熟种子一起掐下，上部未成熟的各节留到以后采收；如留种面积较大，可在花序上有2/3

的果萼已经褪绿转黄而又未全干枯时，将整个花序剪下，再舍弃顶端幼嫩部分，留用中下部成熟种子。花序剪下后，需进行暴晒，打出种子，扬净。经晒 3 个晴天的种子，播种后发芽率较高，出苗较整齐。种子晒干后，装入布袋，挂在阴凉、干燥的室内保存。丹参的种子并不耐储藏，储存时间过长会影响出苗率。

（2）直播。北方地区宜于 3 月底至 4 月底播种，可采用条播或穴播。如种子量足，采用条播；种子量少，采用穴播。条播，可横畦或顺畦按行距 25～30 cm 开 2～3 cm 深的浅沟，因丹参种子小，要拌细沙均匀地撒入沟内，覆土厚 0.5～1 cm。穴播可按行距 25～30 cm、株距 20～25 cm 开穴播种，每穴播种 8～10 粒，覆土厚 0.5～1 cm，播种量 8～10 kg/hm^2。播后将畦面刮平，用木板稍加镇压即可。播种后，应盖草保湿，以利于出苗。出苗后将盖草撤掉，或撤至行间继续保湿。如遇干旱，则播种前应先浇透水再播种。

（3）育苗移栽。育苗采用条播或撒播均可。条播，按行距 10～15 cm 横向开 1 cm 深的沟，均匀播种。撒播，将育苗畦畦面用刮板刮平，将种子均匀撒播在畦面上，然后用细筛筛土覆盖，但不宜太厚，以 0.5 cm 为宜，然后再覆盖 1 cm 左右厚的干净河沙或麦秸保温、保湿，也可覆盖塑料薄膜。一般用种量 22.5～30 kg/hm^2。

春播育苗的幼苗，可在育苗当年的 10 月下旬，或第 2 年 3 月中旬至 4 月中旬栽植。秋栽宜早不宜迟，力求早移栽、早生根及翌年早返青。栽种时，先在畦面上按行距 25～30 cm 开沟，按株距 20～25 cm 栽苗，栽植深度与种苗自然生长深度相同，微露心芽即可；亦可穴栽，栽后浇透定根水。

（三）田间管理

1. 间苗及定苗

种子繁殖田出苗后，当苗高 3～5 cm 时进行间苗，间去过密苗和弱苗。直播田当苗高 7～10 cm 时定苗，行距 25～30 cm、株距 20～25 cm，缺苗处及时补苗；育苗田培育 1 年后即可移栽。由于分根繁殖覆土较深，有时出苗困难，应进行查苗，对出苗困难的，应人工破除出土层助力出苗，缺苗处及时补苗。

2. 中耕除草

分根繁殖因盖土太厚未出苗的，刨开穴土，以利出苗。一般中耕除草 3 次，第 1 次在返青时或栽种出苗后苗高约 6 cm 时进行；第 2 次在 6 月进行；第 3 次在 7~8 月进行。

3. 施肥

施肥可有效提高丹参药材的产量，但需要根据土壤肥力情况和植物生长不同阶段需肥特性进行。在施有机肥的基础上增施氮、磷肥料对丹参有一定的增产效果，但药材产量并非随肥料施用量的增加而提高，施肥过多不仅达不到增产效果，反而会造成不必要的浪费，而且过多的施肥量会影响丹参药材的质量。

每亩施入有机肥 2 000~3 000 kg、三元复合肥（15 - 15 - 15）50 kg，翻入土中作为基肥。追肥一般 3 次，第 1 次在全苗后施提苗肥，第 2 次在 5~6 月植株进入旺长期后施长苗肥，第 3 次在 7~8 月进行，施长根肥。

4. 灌溉

丹参最忌积水，在雨季要及时清沟排水；遇干旱天气要及时灌水，对田间多余的积水应及时排除，避免受涝。中度干旱胁迫条件下，植株生长受到抑制，植株、叶片的伸长生长减缓，地上、地下部分物质积累量减少，叶片蒸腾速率、光合速率及气孔导度降低，气孔扩散阻力增大，气孔调节灵敏度下降。

5. 摘蕾

除留作种子的植株外，必须分次摘除花蕾，以利根部生长。在整个花期及时不断地摘除花蕾，并注意现蕾即摘，不要等花开了再摘。摘除花蕾可以抑制植株的生殖生长，促进丹参根的发育。

6. 病虫害防治

①根腐病：高温多雨季节易发生根腐病。受害植株根部发黑，地上部枯萎。

防治方法：忌连作，选地势干燥、排水良好地块种植；雨季注意排水；发病期用 70% 多菌灵 1 000 倍液浇灌。

②蚜虫：虫害主要是蚜虫，成虫吸食茎叶汁液，严重者造成茎叶发黄。

防治方法：冬季清园，将枯枝落叶深埋或烧毁；发病期喷 50% 杀螟硫磷 1 000~2 000 倍液，每 7~10 d 喷 1 次，连续数次。

③银纹夜蛾：幼虫咬食叶片，夏、秋季发生。可在害虫幼龄期喷

90％敌百虫 800 倍液防治，每 7 d 喷 1 次。

④棉铃虫：幼虫危害蕾、花、果，影响产量。可在现蕾期喷洒 25％杀虫脒水剂 500 倍液防治。

⑤蛴螬：幼虫常咬断幼苗或取食根部，造成缺苗或根部空洞，危害严重。

防治方法：肥料要充分腐熟，最好用高温堆肥；采用灯光诱杀成虫；用 75％辛硫磷乳油灌根。

五、采收与加工

春栽于当年 10～11 月地上部枯萎或第 2 年春季萌发前采挖。采挖宜在晴天进行。先将地上茎叶除去，在畦一端开深沟，使参根露出，顺畦向前挖出完整的根条，防止挖断。也可采用深耕犁机械采挖，注意尽量保留须根。挖出后，剪去残茎。在晾晒的过程中要不断抖去泥土，搓下细根，直至晒干为止。

如需条丹参，可将直径 0.8 cm 以上的根条在母根处切下，顺条理齐，暴晒，不时翻动，七八成干时，扎成小把，再暴晒至干，装箱即成"条丹参"。如不分粗细，晒干去杂后装入麻袋者称"统丹参"。

六、功效

丹参以干燥根入药，性微寒，味苦、辛，归心、肝经，具有活血祛瘀、消肿止痛、养血安神、凉血消痈之功效，主治血瘀所致的心脉瘀阻、胸痹心痛、跌打损伤、月经不调、经闭痛经、心神不安、温热症、脘腹胁痛、症瘕积聚、热痹疼痛、心烦不眠、疮疡肿痛。

近年来试验证明，丹参能扩张冠状动脉，增加血流量，并能降低血压，可治冠心病、心绞痛、慢性肝炎、早期肝硬化。另有研究表明，丹参可增加肾皮质血流，减少肾细胞凋亡，从而有利于肾功能的恢复。

金 银 花

金银花为忍冬科忍冬属植物忍冬（*Lonicera japonica*）的干燥花蕾或待开放的花。忍冬别名忍冬花、鸳鸯花、银花、双花、二花、金银藤、银藤、二色花藤、二宝藤、二宝花、右转藤、子凤藤、蜜桷藤、鸳鸯藤、老翁须。

一、形态特征

多年生木质藤本；幼枝暗红褐色，密被黄褐色、开展的硬直糙毛、腺毛和短柔毛，下部常无毛。叶纸质，上面深绿色，下面淡绿色，卵形或卵状披针形，长 3～9 cm，顶端尖或渐尖，少有钝、圆或微凹缺，基部圆或近心形，有糙缘毛。叶片上面深绿色，下面淡绿色，小枝上部叶通常两面均密被短糙毛，下部叶常平滑无毛而下面多少带青灰色；叶柄长 4～8 mm，密被短柔毛。总花梗通常单生于小枝上部叶腋，与叶柄等长或稍较短，下方者长 2～4 cm，密被短柔毛，并夹杂腺毛；苞片大，叶状，卵形至椭圆形，长 2～3 cm，两面均有短柔毛或有时近无毛；小苞片顶端圆形或截形，长约 1 mm，为萼筒的 1/2～4/5，有短糙毛和腺毛；萼筒长约 2 mm，无毛，萼齿卵状三角形或长三角形，顶端尖而有长毛，外面和边缘都有密毛；花冠白色，有时基部向阳面呈微红色，后变黄色，长 2～6 cm，唇形，筒稍长于唇瓣，很少近等长，外被多少倒生的开展或半开展糙毛和长腺毛，上唇裂片顶端钝形，下唇带状而反曲；雄蕊和花柱均高出花冠。果实圆形，直径 6～7 mm，熟时蓝黑色，有光泽；种子卵圆形或椭圆形，褐色，长约 3 mm，中部有一凸起的脊，两侧有浅的横沟纹。花期 4～6 月（秋季亦常开花），果熟期 10～11 月。

二、产地

金银花资源在我国比较丰富，除黑龙江、内蒙古、宁夏、青海、新疆、海南和西藏无自然生长外，全国各省份均有分布；其中河南、山东、湖南为道地产区的集聚区，以山东产的品质为佳。

三、生长环境

金银花喜温暖湿润的气候，适应性很强，耐寒、耐旱、耐涝。对土壤要求不严，在酸性、中性、碱性土壤中均能生长，在中性或偏碱性、土质疏松肥沃、排水良好的沙质壤土中生长较好，平原、山区、丘陵均能栽培，也可利用荒山坡种植，林间条件下亦可生长良好。5 ℃以上开始萌芽、抽生新枝，16 ℃以上新梢生长迅速并开始孕育花蕾，20 ℃左右花蕾生长，20～30 ℃为生长的适宜温度。

四、栽培技术

(一)选地与整地

1. 选地

应选择向阳、土层较为深厚、土壤疏松肥沃、有水源、透气排水良好、坡度在 15°以下的沙质壤土栽培。林间栽培，应选择行间距大于5 m、树龄小于 5 年的林地，或郁闭度小于 30% 的林地。金银花生长旺盛，树冠紧凑，易形成花芽，具有当年新生枝条能发育成花枝的特性，当年定植即能开花，丰产性状好，因此可适合密植栽培，以株距 1.5～2 m、行距 1.5～2 m 为宜。

2. 整地

深翻 25～30 cm，打碎土块，整平耙细，施足基肥，每亩施有机肥2 000～3 000 kg、三元复合肥（15 - 15 - 15）50 kg。然后做成宽 1.2～1.3 m 的高畦播种育苗或扦插育苗。

(二)繁殖方法

1. 种子繁殖

栽培金银花以种子繁殖为佳，成活率高，见效快。8～10 月，从生长健壮、无病虫害的植株或枝条上采收充分成熟的果实，采后将果实在清水中搓洗，用水漂去果皮和果肉，阴干后去杂，将所得纯净种子在0～5 ℃条件下储藏，第 2 年 3～4 月播种。播种前先把种子放在 25～30 ℃温水中浸泡 24 h，然后与湿沙混拌催芽，当 30%～40% 的种子裂口时，即可播种，可大大提高种植成活率。以疏松排水性好的土壤作为育苗土壤，将种子均匀地撒在土壤上，保持湿度，约 10 d 即可发芽。苗床播种时以 100 g/m² 为宜。

2. 扦插繁殖

扦插繁殖可采用硬枝扦插和绿枝扦插两种方法。

（1）硬枝扦插。宜在秋末或第 2 年春季进行。在开花季节，选纯正、健壮、花肥大的母株做好标记，在秋末扦插或者埋土后第 2 年扦插。秋末选生长健壮、无病虫害、1～2 年生、节间短、粗 0.5～1.5 cm 的枝条，剪成 20～30 cm 且每根至少有 3 节的插枝，剪去下部的叶，下端近节处剪成平滑斜面，上端剪平，捆成 50～100 根的小捆，用生根粉浸10 s 左右，晾干扦插。按行距 30 cm、株距 10～20 cm 开沟，将插条 2/3插入土中，把插条周围的土壤压实，然后浇水，浇头水后隔 15 d 灌二水和三水，生根后每亩追施尿素 5 kg，当新梢长出 20 cm 时摘心。

（2）绿枝扦插。以 7 月扦插成活率较高，选择半木质化枝条，剪成20～30 cm 长，进行扦插。将插条的 1/2 埋入土壤，2～3 d 浇 1 次水，保持土壤湿润，其他管理措施和硬枝扦插方法相同。

3. 压条繁殖

6～10 月，用富含养分的湿泥垫底，取当年生花后枝条，将其用上述肥泥压上 2～3 节，上面盖些草以保湿，2～3 个月后可在节处生出不定根，然后将枝条在不定根的节眼下 1 cm 处截断，让其与母株分离而独立生长，稍后另行栽植。

4. 分株繁殖

可在早春或晚秋进行。将母株全部刨出或刨出一部分带根的枝条，分成若干小株，分别栽到整好的地里。栽后踏实，浇水。由于分株后会使母株生长受到一定程度的抑制，因此只在野生优良品种少量扩繁时采用。

（三）田间管理

1. 松土除草

金银花栽植成活后，要及时松土除草。除草在栽植后的前 3 年每年必须进行 3～4 次。发出新叶后进行第 1 次除草，7～8 月进行第 2 次，最后 1 次在秋末冬初霜冻前进行，并结合松土培土，以免根露出地面。3 年以后可视植株和杂草的生长情况适当减少除草次数，每年春季 2～3月和秋后入冬前要进行培土。为防止土壤板结，提高保水保肥能力，对金银花园地要每 4 年深翻 1 次，深度 40～50 cm。方法是距主干 20～30 cm 外将表土和基肥混合翻入地下，整平地面。对于瘠薄的山地，若有土源，可压土加厚土层，为金银花根的生长发育创造良好的条件。

2. 施肥

金银花是多年生、多次现蕾开花的药用植物，应做到一年多次施肥。常用基肥有腐熟的农家肥或商品有机肥等。在晚秋或金银花进入休眠期后，结合每年深翻挖槽，将有机肥料施入土壤，均匀撒于沟槽内，然后将挖出的土回填于沟槽内，并用铁耙将地面耙平，以利蓄水、保墒。施肥量可根据树体大小而定，树体较大每株施有机肥 5～6 kg、化肥 50～100 g，小植株可适当减少；土壤肥沃，可少施或不施，以免植株疯长。

金银花为喜氮、磷植物，早春芽萌动时追施一定量的氮肥，采花前增施磷、钾肥都可显著促进生长和提高花的产量。根据试验情况，3 年生以上的树体，于萌动前后每株追施 0.15 kg 三元复合肥（15 - 15 - 15），开花前每株追施磷酸二铵 0.05 kg 或三元复合肥 0.1 kg，产量可提高 50％～60％，增产效果显著。追肥时应结合中耕除草进行，在树冠周围开环状沟施入，施后用土盖肥并进行培土，厚 5 cm。为了促进植株的生长和成花数量，可在花芽分化时，用 0.2％～0.5％磷酸二氢铵溶液喷施于叶面。采花后，有条件的可追施尿素 1 次。

3. 灌溉

金银花根系吸收能力很强，在干旱条件下也能生长。在春季萌动时，浇 1～2 次润根催醒水，以后在每茬花蕾采收前，结合施肥浇 1 次促蕾保花水，每次追肥都要结合灌水。秋后浇 1 次封冻水。花期若遇干旱天气或雨水过多时，会出现大量落花、沤花、幼花破裂等现象。因此一定要做好灌溉和排涝工作。

4. 整枝修剪

合理进行枝条的修剪和整形是提高金银花产量和质量的关键措施。金银花新生分枝多，自然更新的能力很强。已开过花的枝条，当年继续生长，但不再开花，只有在原开花母枝上萌发的新梢，才能再结花蕾。整枝修剪必须根据品种、墩龄和枝条类型来确定。对匍匐形枝条长的老花墩，要重剪，截长枝，疏短枝，截疏并重；壮花墩，以轻剪为主，少疏长留；幼龄花墩以截为主，促进分枝，加速扩大墩冠。对立体型主干明显、枝多不着地的植株，剪枝要做到去顶，清脚丛，打内膛，使花墩成伞形直立小灌木状。

金银花的树形主要有伞形、自然开心形和疏散分层形。以伞形为例，定植 1～2 年生苗木，培养主干高 20～40 cm 剪去顶梢，促进第 1 层主枝的形成，以中心主枝作为中心干；以后中心干每长 30 cm 剪梢或摘心，促进第 2 层和第 3 层主枝生长；第 2 年春季选留 4～5 个主枝，秋季从主枝上长出的一级分枝留 6～7 对芽短截（15～20 cm），一级分枝上发出的二级分枝秋季再留 6～7 对芽短截（15～20 cm），摘去最上部钩状形嫩梢。通过修剪，形成主干粗壮、枝条分布均匀、通风透光、新枝多、花蕾多的伞形小灌木。

修剪一般是冬前至翌年初春进行。幼树冬剪据目标树形截枝、取枝和留枝，培养树形。为了提高产量，冬剪不宜过重，多留枝，宜长勿短。丰产园的大树，短截外围枝，留 3～5 对芽，保留枝条 120 个左右，剪去老枝、病虫枝、细弱枝、交叉枝、下垂枝等。生长期修剪，每次采花后进行 1 次，最后一茬花开后不剪，结合冬剪进行。短截外围枝，疏除内部过密枝、细弱枝、枯黄枝，外围枝保留长度为原长度的 2/3 或只剪去顶梢部分，保留的徒长枝要摘心，抹去内膛过多的萌芽，剪去开完花的上部嫩枝，以促进花序形成，提高产量。

5. 越冬

1～3 年生的金银花冬前将老枝平卧于地面，上盖 6～7 cm 厚的秸秆，然后覆少量的土越冬，第 2 年春萌芽前去掉覆盖物。北方高寒地区种植，要将植株和老枝条全部用秸秆覆盖后埋入土中，才能安全越冬。

五、采收与加工

金银花开花时间较为集中，应及时分批采摘，一般在 5 月中下旬采第 1 次花，6 月中下旬采第 2 次花。当花蕾上部膨大、由绿变白、尚未开放时采收最适宜。每天上午露水落后将发白色花蕾采下，金银花采后应立即晾干或烘干，防止沤花发霉变质。晾干时不宜任意翻动，以防花发黑。不能在烈日下暴晒，否则易变色。利用烘干机烘干，温度控制为：初烘 30～35 ℃，2 h 后升至 40 ℃，烘 5～10 h，而后保持 45～50 ℃烘 10 h，再升温至 55～60 ℃，使花迅速干燥，此间要利用轴流风机进行强制通风除湿，整个干燥过程历时 16～20 h。烘时不宜任意翻动或未干时停烘。烘干比晾干产量高、质量好。

六、功效

金银花以干燥花蕾或待开放的花入药。金银花味甘，性寒，归肺、心、胃经。《神农本草经》记载：银花性寒味甘，具有清热解毒、凉血化瘀、消炎退肿、疏散风热之功效，主治外感风热、瘟病初期、疮疡疔毒、红肿热痛、便脓血、喉痹、丹毒、热毒血痢等。《本草纲目》中详细论述了金银花有"久服轻身、延年益寿"的功效。现代药理研究表明，金银花有抗病毒、抗菌、护肝、抗肿瘤、消炎、止血（凝血）、降血脂等作用。金银花含有多种人体必需的微量元素和化学成分，同时含有多种对人体有利的活性酶物质，具有抗衰老、防癌变、增强免疫力、轻身健体的良好功效。金银花中所含绿原酸能起到抗细胞物质氧化、促进人体新陈代谢、调节人体各部功能平衡、使体内老化器官恢复功能的作用。

柴　胡

> 柴胡（*Bupleurum chinense*）为伞形科柴胡属植物。别名地熏、山菜、菇草、地照山菜、柴草、北柴胡、竹叶柴胡、黑柴胡、山柴胡、硬柴胡、铁苗柴胡。

一、形态特征

多年生草本，株高 40～85 cm。主根较粗大，棕褐色，圆柱形，分枝或不分枝，质地坚硬。茎单一或数茎丛生，上部多分枝，微作"之"字形曲折。叶互生，基生叶倒披针形或狭椭圆形，先端渐尖，基部收缩成柄；茎生叶长圆状披针形或倒披针形，两端渐窄，近无柄，长 4～12 cm，宽 0.6～1.8 cm，先端渐尖呈短芒状，基部收缩成叶鞘，抱茎，脉 7～9，上面鲜绿色，下面淡绿色，常有白霜。复伞形花序多分枝，顶生或侧生，梗细，常水平伸出，形成疏松的圆锥状；总苞片 1～3，或无，狭披针形，长 1～5 mm，宽 0.5～1.2 mm，很少 1～5 脉；伞辐 3～8，纤细，不等长，长 1～3 cm；小总苞片 5～7，披针形，长 3～3.5 mm，宽 0.6～1 mm，先端尖锐，3 脉，向叶背凸出；小伞形花序，有花 5～10 朵，花柄长约 1.2 mm，直径 1.2～1.8 mm；花瓣鲜黄色，先端向内反卷；雄蕊 5 枚，插生花柱基之下，子房椭圆形，花柱 2 枚，花柱基黄棕色，宽于子房。双悬果，宽椭圆形，棕色，两侧略扁，长 2.5～3 mm，果棱明显，棱槽中通常具 3 条油管，合生面有 4 条油管。花期 7～9 月，9～10 月。

二、产地

柴胡原产于我国，在东北、西北、华北、华东均有分布，主产于内蒙古、河南、湖南、安徽、湖北、陕西、江苏、江西、甘肃等地。

三、生长环境

北柴胡性喜温暖、湿润环境，适应性较强。耐干旱，怕水涝；耐寒性强。在土壤肥沃、疏松的夹沙地块上生长良好。盐碱地以及黏重排水不畅的地方不宜种植。常生于荒山坡，阴、阳坡灌木丛中，以及沟边、山路旁、灌木林边缘、疏林下等处。

四、栽培技术

（一）选地与整地

1. 选地

育苗田选择背风、地势平坦、灌排方便、土层深厚、土质疏松肥沃的沙壤或轻壤土地块，土壤 pH 6.5～7.5。

生产田选择沙质壤土或富含腐殖质的山坡梯田、旱坡地或新开垦的土地为宜。前茬作物以禾本科为宜。盐碱地、低洼易涝地段和黏重土壤不宜种植柴胡。

如果在林下种植，宜选择 1～3 年幼龄期果树林地。荒山荒坡林地一般不受树种、树龄限制，可根据树间空闲地实际情况种植。

2. 整地

育苗地整地要精细，土壤深翻 20～30 cm，清除石块、根茬和杂草，并碎土、耙细、镇压，达到地平、土细碎、土壤墒情好。生产直播田整地，深翻应达 30 cm 以上。

因柴胡种子较小，为便于管理和有利于出苗，要做畦育苗。畦长 1.2～1.5 m，畦宽 30～40 cm，畦埂要坚实，畦面平整，土壤细碎。对于易发生积水地块要制成高畦床，畦面高出地面 10～20 cm，畦间设作业道，宽 40～50 cm，便于排水和苗圃管理。

结合整地，每亩施腐熟农家肥 2 000～3 000 kg、三元复合肥（15 - 15 - 15）50～60 kg 作为基肥。

为防治地下害虫蝼蛄、蛴螬、地老虎等，可配制毒饵等进行土壤处理。可将 80% 敌百虫可湿性粉剂 1 kg、麦麸或其他饵料 50 kg，加入适量水充分拌匀，撒于田间。也可用 80% 敌百虫可湿性粉剂 800～1 000 倍液或 50% 辛硫磷乳油 500 倍液喷洒处理土壤或未腐熟粪肥，达到杀死害虫的目的。

（二）繁殖方法

柴胡主要以种子繁殖为主。可直播，也可采用育苗移栽的方式。

1. 采种

10 月中下旬至 11 月上旬，2 年生以上植株果实完全成熟，种子变褐色时应立即采收，精选饱满的种子，阴干后储藏于通风干燥处，备用。

2. 种子处理

柴胡种子寿命很短，当年新产种子的发芽率仅为 50％～60％，常温下储藏种子寿命不超过一年，所以播种时一定要选择新种子。柴胡种子种皮厚，部分种子存在休眠现象，出苗率低，播种前应对种子进行预处理。以下方法都可以提高柴胡种子发芽率，但药剂处理法和植物生长调节剂处理法更为常用。具体方法如下：

（1）沙藏处理。将柴胡种子用 40～50 ℃的温水浸泡 8～12 h，边搅拌、边撒籽，浸泡完成后捞去浮在水面上的瘪籽，将沉底的饱满种子取出，与湿沙按 1∶3 的比例混合，置于 20～25 ℃温度下催芽，10～12 d后大部分种子裂口，这时可以进行播种。

（2）药剂处理。用 0.8％～1％高锰酸钾水溶液浸种 10～15 min，冲洗干净后播种。

（3）植物生长调节剂处理。用 0.5～1 mg/L 赤霉素或 0.15 mg/L 细胞分裂素浸种 24 h，将种子用清水冲洗后播种。

药剂和植物生长调节剂处理后的种子要进行快速发芽试验，以确定播种量。发芽试验可用保温瓶快速催芽法。具体操作如下：取一只保温好的暖瓶，内盛 1/3 容量的 60 ℃左右的温水，取处理好的种子 100 粒左右，用新纱布包好，再用细线捆扎住，另一端拴好大头钉，扎于暖瓶软木塞上，将催芽种子包吊悬于暖瓶水平面之上，盖好软木塞，经18～20 h 即可观察种子萌发情况。种子发芽率低于 50％时，要加大播种量。

3. 播种

（1）播种时间。生产上可春播或秋播，春播在清明节后进行，秋播在霜降前后进行。一般多采用春播，在 4 月上中旬，土壤表层解冻达10 cm以上，土壤表层温度稳定在 10 ℃以上，即可开始播种。

（2）播种方法。育苗田一般是在清明节后，平畦以条播为宜，高畦以撒播为宜。将处理好的种子在整好的畦面上，按行距 10～12 cm横向开浅沟条播，沟深 1.5 cm，将种子与草木灰和人粪尿拌匀后，均匀撒于沟内，覆盖薄土，稍压紧后浇水，再覆盖地膜或者稻草秸秆起到保温保湿的作用。高畦撒播时，在做好的畦面上，保持畦面土壤墒情和湿度的情况下，均匀撒播种子。播完种子后，使用竹筛或铁丝网筛，均匀地筛上一层湿润的细土覆盖畦面，覆土厚度 2～3 cm，然后架拱棚盖塑料薄膜，进行保湿保温育苗。每亩播种 2～3 kg，苗床温度保持在 20 ℃左右，播种 10～15 d 后即可出苗。此法省种、产量高，但费工。

直播田以人工开沟条播为宜，一般在 6～7 月雨季进行，行距20～25 cm，沟深 3～5 cm，将种子均匀撒于沟内，覆土厚度 2 cm 左右，然后进行踩实或镇压保墒，每亩用种量 1.5～2 kg。

4. 移栽

柴胡的幼苗生长到 6～8 cm 时就可以开始移栽。5 月下旬至 6 月上旬，根头部直径 2～3 cm、根长 5～6 cm 时移栽。移栽前先在苗床上适当浇水，选粗壮无病幼苗随挖随栽。取苗时尽量不要伤害根部。行距 15～20 cm，株距 7～12 cm，斜放于垄沟内，覆土厚度 3～5 cm。定植不宜过深或过浅，以根头露出地面为宜。定植之后需要浇足水，以利于缓苗，提高移栽之后的成活率。如果林间郁闭度不够，有条件的尽可能对其进行遮阴，以提高成活率。

（三）田间管理

1. 苗期管理

育苗田要经常检查育苗棚内温度和湿度。温度控制在 20～25 ℃，如果高于 28 ℃要遮阴或通风。畦面发生干旱有裂隙时，要用喷壶进行喷水，一次喷透喷匀。一般播种后 10 d 左右畦面可萌发出针叶，进入苗期，此时应及时拔除杂草。当畦面见绿时要控制好湿度，通过通风孔的大小来调节棚内温湿度。苗生长到 3～5 cm 高时，对塑料棚采用昼敞夜覆的方法进行炼苗，并逐渐撤掉棚膜。当苗高 5～10 cm 时，每亩追施尿素 7～10 kg。追肥后浇灌 1 次透水。畦面要保持清洁，发现杂草要及时清除。育苗田苗过密时要进行疏苗。

大面积生产田播种后，在自然条件下一般 10～15 d 出苗，渐露针叶。进入苗期，其管理目标是苗全、苗齐、苗壮。出苗后结合除草，进行中耕松土，为幼苗根系生长创造适宜条件。杂草危害大，田间有草必除，严防草荒。

柴胡出苗后第 1 个月生长缓慢，苗高 3～5 cm 时，开始间苗、定苗，除去过密苗和病弱苗。间苗、定苗可结合中耕除草同时进行，去弱留强，每隔 5～7 cm 留壮苗一株。如发现缺株应及时带土补苗，栽后立即浇水，以利于成活。苗高 5～7 cm 时，按株距 10 cm 定苗，每平方米留苗 50 株左右。

2. 生长期管理

柴胡生长期第 1 年植株细弱，生长缓慢，多呈茎叶丛生状，一般不抽薹开花。因此，柴胡的第 1 年生长期管理以壮苗促根为中心。

柴胡属于根类中药材，人工栽培以获得高产量、高质量的柴胡根为目的。柴胡生长怕草荒，移栽定植后就要开始进行除草和松土的工作，一般在除草之后进行松土，可以有效提高土壤的透气性，促进柴胡根系的生长发育。

植株高 10 cm 时，适当增加中耕松土的次数，有利于改善柴胡根系生长环境，促根深扎，增加粗度，减少分枝，但宜浅锄，避免撞伤或压住植株。夏季结合基部培土中耕除草 1 次，秋季及时除掉杂草，切忌草苗共争水肥。一般在生长期要进行 3～4 次中耕，特别是在干旱时和下雨过后，进行中耕十分有效。

生长期是柴胡需营养和水分的第一高峰期，定苗后，为满足植株生长的需要，要在 6～8 月追施 1 次肥料。每亩追施三元复合肥（15 - 15 - 15）20～30 kg，追肥后浇 1 次透水。待水下渗后 2～3 d 再次进行中耕松土，保持土壤疏松、通透性良好。生长期间，遇干旱应及时浇水，雨季要注意排涝，以防烂根。

植株生长到 7～8 月，除留种田外，其余在株高 40 cm 时需除蕾打顶，不断除去多余的丛生基芽和花薹，减少不必要的营养消耗，促进养分向根部转移，使根部迅速生长膨大。同时，对田间发生的蚜虫、蝼蛄等害虫，应做好防治工作。

3. 越冬管理

柴胡植株生长到 9 月下旬，地上叶片开始枯萎黄化，进入越冬休眠状态，此时管理好坏直接影响翌年春季返青。

北方气候条件偏旱，为防止冬春风害失墒，保证翌年春季返青有足够的土壤水分，育苗田和生长田均应于封冻前浇 1 次越冬水，这对柴胡根系发育和生长十分有利。

柴胡越冬休眠状态时，地上的干枯茎叶会突出于地表面，容易引起放牧人员的青睐。这时一定要加强管理，禁止放牧，以防止各种牲畜的侵害和践踏。

（温馨提示）

越冬柴胡地表茎叶一般不割除，深冬后人工用木制耙子轻搂即掉落。此前，常有人点火烧其茎叶，这种做法是错误的，火烧茎叶将影响柴胡翌年春季的返青，因此应禁止。

4. 两年生柴胡管理

柴胡栽种的翌年春季，当气温达到12 ℃以上时，根颈芽鞘开始萌动，生长出新植株。如果春季一直干旱无雪无雨，地表干硬，会对返青的柴胡幼芽产生阻碍。此时可施入返青肥，浇1次返青水。返青肥的施用，每亩施入有机肥1 500～2 000 kg、三元复合肥（15 - 15 - 15）10～15 kg，地面均匀铺施，随即浇水。对地下害虫搞好调查，做好预防工作。

柴胡植株返青后，逐渐进入旺盛生长期，地下根系继续深扎并长粗，地上植株抽茎、开花，生长发育旺盛。

返青后幼苗生长离开地面3～5 cm时，进行中耕松土，打破地表板结，为根系输送氧气，促进植株生长。以后每隔7～10 d再进行1次。连续中耕松土2～3次，有利于提高根的产量和质量。田间杂草生长，会同柴胡植株争夺养分、水分和光照空间，影响植株生长发育。因此，田间见草应立即除净，严防草荒。

柴胡植株开花期，是全生育期第2个需养分、水分高峰期，田间土壤养分不足，将影响植株和根系生长发育。一般在柴胡现蕾期，每亩追施高氮复合肥（20 - 10 - 10）20～30 kg，追肥后浇水，满足柴胡植株开花生长发育需要。也可开花前每亩叶面喷施磷酸二氢钾0.25 kg。

对于不作留种田的地块，在柴胡花蕾期，进行2～3次花蕾摘除，减少植株营养消耗，利于提高根的产量和质量。如果留种，选留部分植株生长整齐一致、健壮的田块留种，不进行花蕾摘除，而要进行保花增粒；有条件者可放养蜜蜂辅助授粉，以提高种子质量和产量。通常8～10月是柴胡种子的成熟季节。由于抽薹开花不一致，因此种子成熟时间不同。要注意田间观察，种子表皮变褐、籽实变硬时可收获。要求成熟一穗收获一穗，成熟一株收获一株。因野生柴胡种子随熟随落，很难大量采到，所以人工栽培时要注意增大留种面积，以利于扩大种植。

5. 病虫害防治

（1）病害防治。

①锈病：主要危害茎叶。

防治方法：清洁田园，处理病株；发病初期可用 25％三唑酮可湿性粉剂 1 000 倍液或 70％代森锰锌可湿性粉剂 500 倍液喷雾防治。

②斑枯病：主要危害叶片。

防治方法：清洁田园；轮作；发病初期可用 70％代森锰锌可湿性粉剂 400 倍液喷施防治。

③根腐病：主要危害根部。

防治方法：严格剔除病株、弱株，保留壮苗；移栽时，可用 70％甲基硫菌灵可湿性粉剂 1 000 倍液浸根 5min，取出晾去水分后栽种；收获前增施磷钾肥，提高植株抗病力。

（2）虫害防治。

①蚜虫：主要危害叶片。可用 10％吡虫啉可湿性粉剂 4 000～6 000 倍液或 25％抗蚜威水分散粒剂 1 000 倍液喷雾防治。

②黄凤蝶：主要危害叶片。可用 90％敌百虫原药 1 000 倍液或 2.5％溴氰菊酯乳油 2 500 倍液喷施防治，必要时人工捕杀幼虫。

温馨提示

注意采收前一个月禁止使用任何农药，整个生长季节严禁使用高毒农药。

五、采收与加工

林下柴胡一般在种植后 2～3 年采收，采收在春秋两季均可进行，但以秋季采收为主。种植第 2 年 10 月以后，当植株开始枯萎时进行采收。采收时可根据地块情况，使用机械采收、牲口拖犁耕采收、人工刨等方法。将根挖出后，除去茎叶，抖去泥土和沙石块，晒干。待七八成干时剪掉残茬，去掉须根，顺直根条，根据粗细分级，一般分为直径 0.7 cm、0.5 cm、0.3 cm 三个等级，分级后捆成小把，晾干或晒干即可。产品以粗壮、整齐、质坚硬、不易折断、无残茎和须根为佳。

六、功效

　　柴胡以干燥根入药，性微寒，味苦、辛，归肝、胆经，具有和解少阳、和表解里、清肝泻火、疏散退热、疏肝解郁、升阳举陷等功效，常用于治疗感冒发热、寒热虚劳、小儿痘疹蓄热、上呼吸道感染、目赤肿痛、头痛眩晕、瘰疬、乳痈、乳癖、乳房胀痛、疟疾、肝郁气滞、胸胁胀痛、胆道感染、胆囊炎、脱肛、月经不调、子宫脱落等。现代药理研究表明，柴胡根中主要含有皂苷、木脂素、黄酮、挥发油、香豆素、多糖、柴胡酮、植物甾醇、脂肪酸等活性成分，具有解热、保肝、抗菌、镇静、消炎、提高免疫力、抗辐射、抗肿瘤、抗病毒、抗血小板凝集等诸多作用。

黄　连

黄连（*Coptis chinensis*）为毛茛科黄连属植物。别名王连、宣连、川连、鸡爪连、味连。

一、形态特征

黄连为多年生常绿草本植物。地下根茎粗短，表面粗糙，常分枝，密生多数须根。叶有长柄；叶片稍带革质，卵状三角形，宽 10 cm，3 全裂，中央全裂片卵状菱形，长 3～8 cm，宽 2～4 cm，顶端急尖，具长 0.8～1.8 cm 的细柄，3 或 5 对羽状深裂，在下面分裂最深，深裂片彼此相距 2～6 mm，边缘生具细刺尖的锐锯齿，侧全裂片具长 1.5～5 mm 的柄，斜卵形，比中央全裂片短，不等 2 深裂，两面的叶脉隆起，除表面沿脉被短柔毛外，其余无毛；叶柄长 5～12 cm，无毛。花葶 1～2 条，高 12～25 cm；二歧或多歧聚伞花序有 3～8 朵花；苞片披针形，3 或 5 羽状深裂；萼片黄绿色，长椭圆状卵形，长 9～12.5 mm，宽 2～3 mm；花瓣线形或线状披针形，长 5～6.5 mm，顶端渐尖，中央有蜜槽；雄蕊约 20，花药长约 1 mm，花丝长 2～5 mm；心皮 8～12，花柱微外弯。蓇葖果长 6～8 mm，柄约与之等长；种子 7～8 粒，长椭圆形，长约 2 mm，宽约 0.8 mm，褐色。2～3 月开花，4～6 月结果。

二、产地

黄连主产于我国四川、湖北、陕西、云南、湖南、贵州、福建、江西、安徽、广西等地，由于其产区及种类的不同，黄连商品有味连、雅连、云连之分。味连栽培面积最大，主要分布在四川东部、湖北西部及陕西南部一带，雅连主要产于四川的洪雅县、雅安市一带，云连主要分布在云南西北部。

三、生长环境

黄连常见于海拔 500～2 000 m 的山地林中或山谷阴处，多生长在高寒地区，喜阴湿凉爽的气候。冬季在−8℃以上能正常越冬。黄连对水分要求较高，不耐干旱，因其根浅、叶面积大，所以需水量较多，但不能积水。因此，雨季要及时排水。黄连为喜阴植物，忌强烈的直射光照射，喜弱光，苗期耐光能力差，苗越大耐光能力越强。因此，栽培黄连必须搭棚，透光度30%～50%。土层肥厚、排水良好、土壤湿度50%～60%，pH 5.5～7，弱酸性为宜。适合林间栽种黄连的林木种类为麻、桑等灌木及松、杉等乔木。

四、栽培技术

(一) 选地整地

黄连怕积水和直射光，宜选择海拔1 000～1 600 m，半阴半阳，土壤湿度50%～60%，5°～20°坡地，土层深厚，疏松肥沃，通透性能良好，表层含腐殖质多，保肥力好且排水良好的沙质壤土种植。先把地表的杂物杂草清除，每亩施腐熟农家肥5 000～6 000 kg或商品有机肥2 000～3 000 kg。再浅翻1次，整平耙细。然后顺着坡向整成宽1.3～1.5 m、高10～15 cm的高畦，畦沟宽20～25 cm，畦面呈瓦背形，并在周围开好排水沟。

(二) 繁殖方法

多采用种子繁殖，再移栽，也可用扦插繁殖法，但生产上很少采用。

1. 扦插繁殖

在种子或幼苗缺少的地区可采用此法。即在黄连栽培5年后，提早于8～9月收获，收获后将黄连植株自根茎顶端以下0.1～0.13 cm处连茎叶剪下，作为插条用，随剪随栽。栽时应将叶柄全部埋入土中，只留叶片在外，并压紧即可。

2. 种子繁殖

(1) 采种和种子处理。立夏前后，采移栽3年以上健壮植株所结的种子，5月上旬黄连种子成熟后立即采收。选晴天摘回果枝堆放室内1～2 d，即可脱粒，忌日晒。黄连种子有胚后熟阶段，采收种子胚尚未分化，必须经过低温储藏9个月以上处理，完成种胚后熟。选择阴凉较平坦的山坡用树枝搭遮阴棚，雨水能自然淋入棚内，并挖20 cm深做窖，将种子与湿沙在窖内层积储藏。生产中常把黄连种子与湿沙按1∶1

混合均匀，埋于窖中厚 3 cm，上面覆盖沙或腐殖土 3～6 cm 厚，再盖树枝保湿，并要经常检查。当沙藏种子裂口后即可播种。

（2）育苗移栽。在郁闭度 70%～80% 半阴半阳湿润肥沃的林下，种子裂口后撒播于高畦，每亩播种子 1.5～2.5 kg，用牛马粪覆盖。次年 3 月初出苗，拣去畦面落叶，并除净杂草。苗期 5～6 月应追施速效性氮肥催苗，10～11 月撒细碎牛马粪及腐殖土以利越冬。播种后第 3 年幼苗已长出 4～6 片真叶，株高 6 cm 以上时移栽。行株距 10 cm×10 cm，栽深 3～5 cm，地面留 3～4 片大叶为宜。每亩栽苗 5 万～6 万株。

（温）（馨）（提）（示）

　　移苗须在阴天或晴天，不可在雨天进行，因为雨天会踩紧畦面，使秧苗糊上泥浆，不易成活。

栽前从苗床中拔取粗壮的苗。拔苗时用右手的食指和大拇指捏住苗子的小根茎拔起，抖去泥土，放入左手中，根茎放在拇指一面，秧头放整齐，须根理顺，不可弯曲，100 株捆成一把。拔苗时须根多已受损，失去生机，栽后须重生新根，故栽前在距头部 1 cm 处，剪去过长的须根。如果采用"通秆法"移栽，须根应留长一些，可为 1.2～2 cm。剪须根后，用水把秧苗根上的泥土淘洗干净，栽时操作方便，根茎易与土壤接触诱发新根，同时秧苗吸收了水分，栽时秧苗新鲜，栽后容易成活。通常上午扯秧子，下午栽种，最好当天栽完；如未栽完，应摊放在阴湿处，第 2 天栽前仍须用水浸湿后再栽。用 0.2%～0.4% 钼酸铵溶液浸根 2 h，能促进幼苗发根，加速长势；用 0.1%～0.2% 高锰酸钾溶液浸根 2 h，也有加速发根和生长的作用。

栽种方法有 3 种：一是栽背刀，用具为专用木柄心形小铁铲。栽时右手握铲，并用大、食、中指兼拿秧苗一把，左手从右手中取 1 株秧苗，用大、食、中指拿住苗子的上部，随即将铁铲垂直插入土中，深4～6 cm，并向胸前平拉 2～3 cm，使其成一小穴，把秧苗端正地插入穴中，立刻取出小铲，推土向前掩好穴口，用铲背压紧秧苗。边栽边退，并随之弄松畦土和脚印。栽苗不宜过浅，一般适龄苗应使叶片以下完全入土，最深不超过 6 cm，才易成活，行株距通常均为 10 cm，正方形栽植，每亩可栽 5.5 万～6 万株。二是栽杀刀，即用铁铲压住秧苗须根直插入土。这种栽法栽得快，但成活率不及栽背刀高，一般少采用。三是栽通秆，栽时一手拿秧苗，另一手食指压住根茎，插入土中，食指稍加旋转后抽出，随即推土掩盖指孔。此法栽苗较快，成活率也高。

（三）栽培管理

1. 补苗

栽种后常有不同程度的死苗，栽后第 1、第 2、第 3 年秧苗每年约有 10% 死亡，应及时进行补苗。一般补苗进行两次，第 1 次在当年的秋季，用同龄壮秧进行补苗，带土移栽更易成活。第 2 次补苗在第 2 年雪化以后新叶未发前。在冬季冰冻较大的高山地区，头年秋季栽种的秧苗常被拱出地面，故在雪化后要详细查看，将拱出地面的秧苗用手按入土内，仍能成活。发现死亡秧苗应进行补栽。此后若发现缺苗，应选用与栽苗相当的秧苗带土移栽，使栽后生长一致。

2. 中耕除草

黄连幼苗生长缓慢，极易生杂草，苗期结合间苗除净杂草。在栽种当年和次年，每年除草 4～5 次，第 3、第 4 年每年 3～4 次，第 5 年 1次，每次在草有 2～3 片叶时，用扑草净 250 g、西玛津 25～30 g、稻田一次净（永川产）2 包（三种药施用时，只用其中的一种），与 20～30 kg 沙或磷肥混合，在晴天下午或傍晚，以及阴天均匀撒施于黄连土中，施后用竹竿或树枝将附在叶片上的药剂和肥料扫落。然后认真观察，若有未除净的杂草，人工拔除。

3. 施肥

栽后 2～4 d 要追一次肥，每亩用农家肥 1 000～1 500 kg，或商品有机肥 1 000 kg，与细土拌匀撒施，施后用细竹枝把附在叶片上的肥料扫落。秋季施肥以农家肥为主，农家肥应充分腐熟弄细，撒施畦面，厚约1 cm，每次每亩用量 1 500～2 000 kg；若肥料不足，可用腐殖土或土杂肥代替一部分。施肥量应逐年增加。干肥在施用时应从低处向高处撒施，以免肥料滚落成堆或盖住叶子，在斜坡上部和畦边易受雨水冲刷处，肥力差，应多施一些。在追有机肥的基础上，为了提高产量，还可在每次除草之后施用化学肥料促其生长。建议每次每亩施用 50 kg 三元复合肥（15 - 15 - 15）。3～4 年后少施氮肥或不施氮肥，以磷、钾肥为主，注意收获前不能追肥。

黄连的根茎向上生长，每年形成茎节，为了提高产量，第2、第3、第4年秋季追肥后还应培土，在附近收集腐殖土弄细后撒在畦上。第2、3年撒约1 cm厚，称为"上花泥"；第4年撒约1.5 cm厚，称为"上饱泥"。培土须均匀，且不能过厚，否则根茎节间（俗称桥梗）长，降低品质。

4. 遮阴

黄连需要适当荫蔽，忌强光和高温，3年内要经常检查遮阴情况，如有缺遮阴者赶快遮上。移栽当年需要70%～80%的遮光度，特别是苗期的耐光能力更弱。随苗龄的增长，其耐光能力逐渐增强。第2年可减少10%的遮光度，增加光照，以后遮光度逐年减少。林间栽黄连，栽后第3年开始修剪树枝，遮光50%，第4年遮光30%，第5年遮光20%左右。

5. 摘除花薹

黄连除留种外，自第2年春季应及时摘除花薹，抑制地上部分生长，促使养分供给根茎，可提高其药材产量。

6. 病虫害防治

黄连病害较少，在夏秋雨季易发生白粉病，危害叶片，症状为叶上产生灰白色斑，有粉状物，后期变成水渍状暗褐斑点，严重时落叶枯死。防治方法：调节遮光度，适当增加光照，发现病叶集中处理，并用50%甲基硫菌灵1 000倍液，每7～10 d喷1次，连喷2～3次。

此外，地下害虫，如蛴螬、蝼蛄幼虫、小地老虎等咬食叶柄基部，严重时咬食成片幼苗。防治方法：用90%美曲膦酯晶体1 000～1 500倍液灌穴。早春有麂子、锦鸡危害花薹和种子，应围以篱笆，加强人工驱离。

五、采收与加工

黄连栽后第5～6年即可收获，以第6年质量最佳。最适宜的收获期为10月上旬和11月下旬上冻前。收取黄连时用四齿耙按行株距连根挖出，剪去叶子，抖掉泥土，忌水洗，齐根部剪去须根及地上部分，即成鲜黄连根茎。风干1～2 d后加温烘干，火力不宜过大，先用小火慢慢加温，待温度上升后，每隔半小时翻1次，直到干燥为止。

六、功效

　　黄连的干燥根茎为传统常用中药材，在我国医用已久。中医学认为黄连性寒，味苦，归心、肝、胃、大肠经，具有清热燥湿、泻火解毒之功效，用于湿热痞满、呕吐吞酸、泻痢、黄疸、高热神昏、心火亢盛、心烦不寐、血热吐衄、目赤、牙痛、消渴、痈肿疔疮；外治湿疹、湿疮、耳道流脓。临床多用于肠胃湿热所致的腹泻、痢疾、呕吐、热盛火炽、烦躁、痈肿疮毒等。现代研究证明，黄连含有小檗碱、黄连碱等多种生物碱，具有较强的抗菌作用。小檗碱对细菌性痢疾、细菌性急性胃肠炎引起的腹泻具有较好的疗效。黄连还有扩张血管、降血压、降血糖、利胆、解热、消炎、强心、利尿、镇痛、镇静、降低眼内压、抗癌等作用。

薄　荷

薄荷（*Mentha canadensis*）为唇形科薄荷属植物。别名野薄荷、夜息香、番荷菜、升阳菜、仁丹草。

一、形态特征

多年生草本植物，茎直立，株高 30～100 cm。全株具有浓烈的清凉香味，根茎细长，白色或白绿色，有节，节上着生须根。地上茎基部四棱形稍倾斜向上直立，具四槽，上部被倒向微柔毛，下部仅沿菱上被柔毛，多分枝，随生产条件、管理水平不同茎上分枝数不同。叶对生，椭圆形或披针形，叶缘有锯齿，两面有毛和油腺，长 3～5 cm，宽 0.8～3 cm，先端锐尖，侧脉 5～6 对；叶片中精油的含量占全株含油总量的 98％以上。花小细密，轮生于上部叶腋，轮伞花序，花冠淡红或淡紫色。小坚果长圆形，褐色。花期 6～10 月，果期 9～11 月。

二、产地

广泛分布于全国各地，其中江苏、安徽为传统道地产区。

三、生长环境

薄荷喜温暖湿润的气候、雨量充沛的环境，栽培土壤以疏松肥沃、排水良好的夹沙土为好，在生长期要求土壤湿润。植株封垄以后，则以表土稍干为好，雨水太多反而影响产量。薄荷适宜气温 20～25 ℃，土温 2～3 ℃时地下茎可发芽，嫩芽能耐－8 ℃的低温。凡土壤瘠薄、土质黏重、酸性过强，以及干燥、荫蔽、低洼而易积水的地方均不宜种植。忌连作。

四、栽培技术

（一）选地整地

薄荷对土壤要求不严，除了过酸和过碱的土壤都能栽培。有排灌条件的林间空地均可种植。土壤以土质肥沃、地势平坦为好。沙土，光照不足、干旱易积水的土地不宜栽种。种过薄荷的土地，要休闲 3 年左右，才能再种，因地下残留根影响产量。整地、深翻地，每亩施腐熟的有机肥 2 000～3 000 kg，耙细，浅锄一遍，把肥料翻入土中，碎土，耙平做畦，宽 200 cm。

（二）繁殖方法

以根茎繁殖为主，也可分株繁殖、扦插繁殖和种子繁殖。

1. 种子繁殖

薄荷可选择在每年春季或秋季进行播种，播种前需将种子放入温水中浸泡 5 h，捞出放置到纸巾上催芽。种植薄荷时可将腐殖土、河沙土与种子掺混后播种，随后覆盖一层细土。

2. 根茎繁殖

4 月下旬或 8 月下旬，在田间选择生长健壮、无病虫害的植株作为母株，按行株距 20 cm×10 cm 栽植。在初冬收割地上茎叶后，根茎留在原地作为种栽，每亩种栽可供大田移栽 4～6 亩。

于 10 月下旬至翌年早春尚未萌发之前进行移栽。但以早春土壤解冻后栽种为好，宜早不宜迟，早栽早发芽，生长期长，产量高。栽时挖起根茎，选色白、粗壮、节间短、无病害的根茎作为种栽，将种栽截成 7～10 cm 的小段，然后在整好的畦面上按行距 25 cm，开 10 cm 深的沟，将种根每隔 12～15 cm，斜摆在沟内，盖细土，踩实，浇水。每亩需用种栽 100 kg 左右。也可按行距 25 cm、株距 12～15 cm 穴栽。

3. 分株繁殖

谷雨节气过后，薄荷幼苗高 15 cm 左右时应间苗补苗，间出的幼苗可分株移栽。

4. 扦插繁殖

5～6 月将地上茎枝截成 10 cm 长的插条，在整好的苗床上，按行株距 7 cm×3 cm 进行扦插育苗，待生根发芽后移植到大田培育，此法可获得大量幼苗。

（三）田间管理

1. 中耕除草补苗

幼苗移栽成活后要进行中耕除草，第 1 次中耕要浅，没有苗的地方要补苗。第 2 次除草在封垄前要完成。全年要除草 5 次，保证田间无杂草。

2. 追肥

结合除草进行追肥。生长前期以施高氮肥为主，全年可追施 2～3 次，每次每亩施入高氮复合肥（20 - 10 - 10）10～15 kg。

3. 排灌水

7～8 月遇高温干旱天气应及时浇水抗旱保苗。每次收割后要及时浇水，以利萌发新苗。梅雨季节及大雨后要及时疏沟排水。

4. 摘心打顶

5 月当植株旺盛生长时，要及时摘去顶芽，促进侧枝茎叶生长，以利于增产。

5. 病虫害防治

①锈病：5～7 月阴雨连绵或过于干旱均易发生此病。初期在叶背出现橙黄色粉状物，到后期发病部位长出黑色粉末状物，导致叶片枯萎脱落，全株枯死。

防治方法：加强田间管理，改善通风透光条件；也可用 25％三唑酮 1 000～1 500 倍液进行叶片喷雾防治。

②斑枯病：又称白星病，5～10 月发生，初期叶片上出现散生的灰褐色小斑点，后逐渐扩大，呈圆形或卵圆形灰暗褐色病斑，中心灰白色，呈白星状，上生有黑色小点。后发展溃烂，致使茎秆破裂，植株死亡。

防治方法：发病初期喷施多菌灵，每周喷一次，3 次即可控制。

五、加工方法

鲜薄荷收割后，立即薄摊暴晒，至七八成干时扎成小把，继续晒干。注意晒时经常翻动，切勿淋雨或夜露，防止变质发霉。晒至全干为止，然后可提炼薄荷油和薄荷脑。

六、功效

薄荷以全草入药，性辛、凉，归肺、肝经，具有疏散风热、清利头目、理气解郁、止痒、利咽、透疹、疏肝行气、清热解毒之功效，常用于风热感冒、风温初起、头痛目赤、咽喉肿痛、无汗、喉痹、口疮、风疹、麻疹、皮肤瘙痒、胸胁胀闷等。

菊　花

菊花（*Chrysanthemum morifolium*）为菊科菊属植物。别名寿客、金英、黄华、秋菊、陶菊、日精、女华、延年、隐逸花、家菊、亳菊、滁菊、贡菊、杭白菊、黄甘菊、怀菊花、药菊。

一、形态特征

多年生草本，株高 50～150 cm。茎直立，多分枝，被柔毛，单叶互生，有短柄，叶片卵形至窄长圆形，长 5～15 cm，羽状浅裂或半裂，基部楔形，下面被白色短柔毛。头状花序单生或数个集生于茎枝顶端，直径 2.5～20 cm，大小不一。总苞片多层，外层绿色，条形，边缘膜质，外面被柔毛；舌状花白色、红色、紫色或黄色。花期 9～11 月。

二、产地

菊花在我国广泛分布，主要分布于北京、安徽、浙江、河南、河北、湖南、湖北、四川、山东、陕西、广东、天津、山西、江苏、福建、江西、贵州等地。

三、生长环境

菊花为短日照植物，对日照长短反应很敏感，每天不超过 10 h 的光照，才能现蕾开花。在每天 14.5 h 的长日照下进行茎叶营养生长，每天 12 h 以上的黑暗与 10 ℃ 的夜温则适于花芽发育。但品种不同对日照的反应也不同。菊花可耐一定荫蔽，较耐旱，怕涝，林间空地可以种植。菊花的适应性很强，喜温暖湿润气候，但亦耐寒，严冬季节根茎能在地下越冬。生长适温 18～21 ℃，最高 32 ℃，最低 10 ℃，地下根茎耐低温极限一般为 -10 ℃。花期最低夜温 17 ℃，开花期（中、后）可降至 13～15 ℃。花能经受微霜，但幼苗生长和分枝孕蕾期需较高的气温。菊花适合在地势高燥、土层深厚、富含腐殖质、土质肥沃而排水良好的沙壤土种植。在微酸性到中性的土中均能生长，而以 pH 6.2～6.7 较好。忌连作。

四、栽培技术

(一) 选地整地

菊花种植对土壤要求不严，林间种植宜选在排水良好、肥沃、疏松、含腐殖质丰富的土壤，黏土地、低洼地与盐碱地不宜种植，菊花不能连作。先将地表的杂物杂草清除，每亩施腐熟农家肥 3 000～4 000 kg 或商品有机肥 2 000～3 000 kg。浅翻 1 次，整平耙细。然后顺着坡向整成宽 0.8～1 m、高 10～15 cm 的高垄，垄间距宽 20～25 cm，在周围开好排水沟。

(二) 繁殖方法

菊花的繁殖方法主要有营养繁殖与种子繁殖两种。营养繁殖包括扦插、分株、嫁接、压条及组织培养等。通常以扦插繁殖为主，其中又分芽插、嫩枝插、叶芽插。

1. 分株繁殖

在 11 月采收菊花后，选择生长健壮、无病虫害的植株，将根全部挖出，除去地上茎后，栽植在肥沃的地块上，施一层土杂肥，以利保暖越冬。翌年 3～4 月扒开粪土，浇水，4～5 月菊花幼苗长至 15 cm 时，将全株挖出，分成数株，按株行距各 40 cm，挖穴定植于大田，每穴 1～2 株，栽后盖土压实，浇水。一般每亩老苗可栽 1 hm² 的生产田。

2. 扦插育苗

4～5 月，选择粗壮、无病虫害的新枝作为插条。取其中段，剪成 10～15 cm 的小段，用植物生长调节剂处理插条，然后按行距 20～25 cm、株距 6～7 cm 插入苗床，并压实浇水，约 20 d 可发根，以后每隔 1 个月追施一次高氮复合肥（20 - 10 - 10），用量为每亩 10 kg，苗高 20 cm 时出圃移栽。

(三) 移栽

分株苗于 4～5 月、扦插苗于 5～6 月移栽。选择阴天或雨后或晴天傍晚进行，在整好的畦面上，按行距 40 cm、株距 30 cm、深 6 cm 挖穴，将带土挖取的幼苗栽入，扦插苗每穴栽 1 株，分株苗每穴栽 1～2 株，栽后覆土压紧，浇定根水。

(四) 田间管理

1. 中耕除草

菊花种植要做好田间除草工作，杂草会争夺养分，不利于菊花营养生长。待幼苗移栽成活后，应经常除草培土，直至现蕾为止。

2. 追肥

菊花喜肥，除施足基肥外，生长期还应追肥 3 次。第 1 次在返青后，每亩施高氮复合肥（20 - 10 - 10）10 kg。第 2 次在植株分枝时，每亩施三元复合肥（15 - 15 - 15）10 kg。第 3 次在现蕾期，每亩施高磷高钾复合肥（10 - 20 - 20）10 kg。

3. 摘心与疏蕾

菊花分枝后，当苗高 10～25 cm 时，进行第 1 次摘心，以后每隔半月摘心 1 次，选晴天摘去顶心 1～2 cm，摘心时只留植株基部 4～5 片叶，上部叶片全部摘除。待长出 5～6 片新叶时，再将心摘去，使植株保留 4～7 个主枝，以后长出的枝、芽要及时摘除。摘心能使植株发生分枝，有效控制植株高度和株型。最后一次摘心时，要对菊花植株进行定型修剪，去掉过多枝、过旺及过弱枝，保留 3～5 个枝即可。9 月现蕾时，要摘去植株下端的花蕾，每个分枝上只留顶端 1 个花蕾。

4. 病虫害防治

①根腐病、霜霉病、褐斑病等：在雨季发病率高。应及时排水，或喷施多菌灵等药剂防治。

②斑枯病：又名叶枯病。4 月中下旬始发，危害叶片。

防治方法：收花后，割去地上部植株，集中处理；发病初期，摘除病叶，并交替喷施波尔多液和 50%甲基硫菌灵 1 000 倍液。

③枯萎病：6 月上旬至 7 月上旬始发，开花后发病严重，危害全株并烂根。

防治方法：选无病老根留种；轮作，起高畦，开深沟，降低湿度；拔除病株，并在病穴撒石灰粉或用 50%多菌灵 1 000 倍液浇灌。

菊花上重要的害虫有蚜虫、蓟马、斜纹夜蛾、甜菜夜蛾、番茄夜蛾和二点叶螨等。次要的害虫有切根虫、拟尺蠖、斑潜蝇、粉虱、毒蛾、粉蚧等。应根据虫害发生预报，提前防治，选择的药剂应符合国家绿色食品种植生产要求。

五、采收与加工

菊花根据品种的不同，其采收期一般在 9～11 月。以花心散开 2/3 时采收为宜。多选择晴天采收，然后立即加工。各地加工方法不一，有的晾干，有的烘干，可根据当地情况，选择适当的加工方式。

六、功效

菊花以头状花序或全草入药，性味甘、苦，微寒，归肺、肝经，具有养肝明目、疏风清热、清利头目、理气解郁和止痒的功能，主治感冒风热、头痛目赤、疮痈肿毒、耳鸣、咽喉肿痛、无汗、风疹、皮肤瘙痒、荨麻疹、口舌生疮等。

赤　芍

赤芍为毛茛科芍药属芍药（*Paeonia lactiflora*）、川赤芍（*Paeonia veitchii*）、草芍药（*Paeonia obovata*）的干燥根。别名木芍药、草芍药、红芍药、赤芍药、毛果赤芍、山芍药。

一、形态特征

芍药：多年生草本，茎直立，高 40～70 cm，圆柱形，无毛，上部分枝，基部有数枚鞘状膜质鳞片。根肥大，呈圆柱形，长 10～40 cm，直径 1.5～3 cm，外皮紫褐色或棕褐色。叶互生；叶柄长 9 cm，位于茎顶部者叶柄较短；茎下部叶为二回三出复叶，上部叶为三出复叶；小叶狭卵形、椭圆形或披针形，长 7.5～12 cm，宽 2～4 cm，先端渐尖，基部楔形或偏斜，边缘具白色软骨质细齿，两面无毛，下面沿叶脉疏生短柔毛，近革质。花两性，数朵生茎顶和叶腋，直径 7～12 cm；苞片 4～5，披针形，大小不等；萼片 4，宽卵形或近圆形，长 1～1.5 cm，宽 1～1.7 cm，绿色，宿存；花瓣 9～13，倒卵形，长 3.5～6 cm，宽 1.5～4.5 cm，白色，有时基部具深紫色斑块或粉红色，栽培品花瓣各色并具重瓣；雄蕊多数，花丝长 7～12 mm，花药黄色；花盘浅杯状，包裹心皮基部，先端裂片钝圆；心皮 2～5，离生，无毛。蓇葖果卵状圆锥形，长 3～3.5 cm。种子近球形，直径 6 mm，紫黑色或暗褐色。花期 4～5月，果期 5～8月。

川赤芍：多年生草本，高 30～120 cm。根圆柱形，单一或分歧，直径 1.5～2 m。茎直立，有粗而钝的棱，无毛。叶互生；叶柄长 3～9 cm；茎下部叶为二回三出复叶，叶片轮廓呈宽卵形，长 7.5～20 cm；小叶成羽状分裂，裂片窄披针形或披针形，宽 4～16 mm，先端渐尖，全缘，上面深绿色，沿叶脉疏生短柔毛，下面淡绿色，无毛，叶脉明显。花两性，2～4 朵，生茎顶端和叶腋，常仅 1 朵开放，直径 4.2～10 cm；苞片 2～3，披针形，长 3～7 cm，分裂或不裂；萼片 4，宽卵形，长 1.7 cm，宽 1～1.4 cm，绿色，宿存；花瓣 6～9，倒卵形，长

2.3～4 cm，宽 1.5～3 cm，紫红色或粉红色；雄蕊多数，花丝长 5～10 mm，花药黄色；花盘肉质，仅包裹心皮基部；心皮 2～5，离生，密被黄色茸毛，柱头宿存。蓇葖果长 1～2 cm，密被黄色茸毛，成熟果实开裂，常反卷。花期 5～6 月，果期 7～8 月。

草芍药：多年生草本，高 30～70 cm。根粗大，多分歧，长圆形或纺锤形，褐色。茎直立，有时呈微红紫色，无毛，基部生数枚鞘状鳞片。叶互生，纸质，叶柄长 5～12 cm；茎下部叶为二回三出复叶，叶片长 14～28 cm；顶生小叶倒卵形或宽椭圆形，长 9.5～14 cm，宽 4～10 cm，先端短尖，基部楔形，全缘，上面深绿色，下面淡绿色，无毛或有时沿叶脉疏生柔毛，小叶柄长 1～2 cm；侧生小叶比顶生小叶小，倒卵形或宽椭圆形，长 5～10 cm，宽 4.5～7 cm，具短柄或近无柄；茎上部叶为三出复叶或单叶。花两性，单朵顶生，直径 7～10 cm；萼片 3～5，宽卵形、卵状披针形或卵状椭圆形，长 1.2～1.5 cm，绿色，宿存；花瓣 6，倒卵形，长 3～5.5 cm，宽 1.8～2.8 cm，白色、红色或紫红色；雄蕊多数，长 1～2 cm，花丝淡红色，花药长圆形，黄色；花盘浅杯状，包裹心皮基部；心皮 1～5，离生，无毛，柱头大，扁平，宿存。蓇葖果卵圆形，长 2～3 cm，成熟果实开裂，反卷，内面呈鲜红色。花期 5～6 月，果期 7～9 月。

二、产地

芍药主产于内蒙古、河北、山西、山东、安徽、浙江、四川、贵州等地。川赤芍分布于西藏东部、四川西部、青海东部、甘肃及陕西南部。草芍药分布于东北及河北、山西、陕西、宁夏、安徽、浙江、江西、河南、湖北、湖南、四川、贵州等地。内蒙古是赤芍的道地产区之一，主要分布于呼伦贝尔市、兴安盟、锡林郭勒盟等地的山坡林缘或草坡。

三、生长环境

赤芍耐旱性较强，适合在地势高且土壤干燥的地块生长，对土壤要求不严格，以排水良好的壤土和沙质壤土为宜。赤芍喜阳，有一定耐阴性，耐寒性强，高纬度地区，在 -20 ℃条件下也可以露地越冬。也能耐热，在 42 ℃高温下能越夏。赤芍不适合在盐碱地及低洼地块生长，不耐水涝，水淹 6 h 以上时全株枯死。忌连作。野生赤芍常见于山野阴坡、阔叶林下及山沟中。

四、栽培技术

（一）选地、整地及施肥

选择土质疏松、土层深厚、排水良好的平地或缓坡地，土质以肥沃的沙质壤土为宜。土层薄、排水不良或不易保水的沙土以及黏性土、低洼地不宜种植。赤芍较喜肥，结合耕翻应先施足基肥，一般每亩可施入腐熟的农家肥 2 000～3 000 kg。随后深翻 40～60 cm，耕翻 1～2 次，耙平作畦。透水性好、排水方便的地块，宜采用平畦；土质较黏、排水较差的地块，宜采用高畦，畦高 15 cm 左右，畦宽 100～130 cm，畦间距 30～35 cm，四周开设好排水沟。

（二）栽培方式

1. 赤芍的野生抚育

在赤芍野生种分布较为集中的地块，可采用直播或幼苗移栽的方式进行野生抚育生产。这种方式不破坏原有植被，也可以最大限度地保护好野生资源，生产出的赤芍与野生赤芍品质相近。

在赤芍种子采收后，稍加清理，随即浸泡于凉水中或用湿沙储藏到 8 月下旬至 9 月下旬，捞出或筛出后即可播种。如果种子干燥后，再打破休眠就需要较长的时间，影响按期播种。

移栽补苗应 9～10 月进行，为了保障移栽后幼苗有较高的成活率，可选择雨后或土壤墒情较好的时机，适时移栽。有条件的地方也可以在移栽后浇水覆土。赤芍野生抚育的栽培密度不宜太大，栽植芽头株距 1 m 左右，种植 5～10 cm 深即可。播种出苗后或移栽成活后第 1～2 年，需要结合中耕进行杂草防治，防止草荒。第 3～4 年结合除草也可追施三元复合肥 1 次，以促进秧苗生长。

2. 育苗移栽

赤芍生长周期长，大规模人工栽培多采用育苗移栽的生产方式，以提高土地利用率，降低生产成本。

播种前，要将待播的种子除去瘪粒和杂质，再用水选法去掉不充实的种子。播种前也可用 50 ℃温水浸种 24 h，取出后即播，则发芽整齐，发芽率可达 80％以上。

育苗地块应选择土壤较为肥沃的沙质壤土，并撒施腐熟的农家肥。种子按行距 5～6 cm、株距 3～4 cm 进行点播；若种子充足，可进行条播，株行距不小于 3 cm。播后用湿土覆盖，厚度 4～5 cm，点播用种量为每亩 50～55 kg，撒播用种量为每亩 100 kg。播种后覆盖地膜，于翌年春季萌芽出土后撤去。也可条播，行距 30～40 cm，株距 3～4 cm，覆土厚 4～5 cm；或穴播，穴距 20～30 cm，每穴放种子 4～5 粒，播后堆土 10～20 cm，以利防寒保墒。于翌年春季萌芽前耙平。种子繁殖，一般需要 5 年左右才能收获，因生长年限长，生产上较少采用，经常应用的方法是培育 2 年后作为种苗用于移栽。

直播培育的种苗当年根长到 26～33 cm 时，秋季即能移栽，如小苗长势较差，也可第 2 年移栽。移栽的时间及方法与分株繁殖方法相同，按株距 30～50 cm、行距 50 cm 栽植。大苗 1 穴 1 株，小苗可 1 穴栽 2 株。栽植时应将顶芽朝上放入沟内，使苗根舒展。盖土 5 cm 左右，盖后踩实。移栽后浇透水，如果条件允许，应在床面上覆盖一层稻草。

3. 分株繁殖

赤芍分株时间通常在 9～10 月，有利于植株根系生长。挖出母株，将粗根全部切下药用，将带芽的芽头作为繁殖材料。将芽头按大小及自然生长形状，切开分成块，每块需带有粗壮芽头 2～3 个，厚度 2 cm 左右。按行株距 60 cm×40 cm 挖穴栽种，穴深 8 cm，直径 20 cm，每穴栽入芽头 1～2 个，芽头朝上，摆于穴正中，覆土稍高出畦面，以利于越冬，每亩需芽头 100～150 kg。分株繁殖也可采用大垄栽培。在垄上开沟，将选好的芽头按株距 30 cm 栽种，芽朝上，用少量土固定芽头，再将腐熟饼肥或有机肥料施入沟内，覆土后稍压即可。芽头栽 4 年左右可收获。

（三）田间管理

1. 中耕除草

翌年早春土壤解冻后，及时去除培土，并松土保墒，但不要锄得过深，以免伤根。红芽露出后，应立即中耕，此时的赤芍根纤细，扎根不深，不宜深锄。幼苗出土后的 2 年内，每年应中耕除草 3～4 次；以后每年在植株萌芽至封垄前应除草 4～6 次。夏季干旱时应中耕保墒。夏季气温较高的时段，为防止干旱的发生，最好适当进行培土。秋季地上茎叶枯萎后，应及时去除枯枝残叶，为了防止芽体裸露地面枯死，应进行相应的培土。霜降以后，割去地上茎叶，覆土封地过冬。翌春，选择晴天，扒开根部周围 6 cm 深的土，去掉须根，晒根 2～3 d。

2. 水肥管理

在播种前施足底肥的基础上，从第 2 年开始，在每年 6～7 月进行 1 次追肥，追施三元复合肥（15 - 15 - 15）15～20 kg，第 3、第 4 年追施三元复合肥（15 - 15 - 15）20～25 kg。赤芍耐旱性强，只需在严重干旱时灌一次透水。赤芍不耐涝，在多雨季节必须及时疏通排水沟，降低土壤湿度，以减少根腐病的发生。

3. 摘除花蕾

于栽后第 2 年开始，每年春季现蕾时，选晴天及时摘除花蕾，以促进植株和根部的生长，留种的植株，也可适当去掉部分花蕾，促进籽粒发育。

五、采收与加工

选择晴天割去茎叶，挖出全根，抖去泥土，切下芍根，切去五花头及须毛根。将芍根分成大、中、小 3 级，分别放入沸水中煮 5～15 min，并上下翻动。待芍根表皮发白，有香气，用竹签不费气力地就能插进时表明已煮透，然后迅速捞起放入冷水内浸泡，同时用竹刀刮去褐色表皮（亦可不去外皮）。最后，将芍根切齐，按粗细分别晾晒。弯曲者用手理直，晾晒至半干，扎成小捆，以免干后弯曲。一般早上晾晒，中午晾干，15：00 后再晾晒，晚上堆放于室内用麻袋覆盖，使其"发汗"，让芍根内部水气外渗，次日早上再晾晒，反复进行几天直至里外干透为止。

六、功效

芍药、川赤芍、草芍药以根入药，名为赤芍，性味苦、微寒，归肝经，具有清热凉血、散瘀止痛、养血、敛阴、柔肝的功效。现代医学证明，赤芍具有活血化瘀通脉、保肝、降血脂、抗血栓、抗血小板聚集、抗肿瘤等作用，临床主要用于治疗病毒性肝炎，尤其是黄疸型肝炎，以及肝阳不足引起的头晕、头痛、耳鸣、烦躁、胸胁疼痛、阴虚血热失血、盗汗、月经不调、行经腹痛以及高血压等，同时也用于降血脂及动脉粥样硬化的治疗。

苍　术

苍术（*Atractylodes lancea* var. *chinensis*）为菊科苍术属植物。别名山刺叶、山姜、枪头菜、茅术、赤术、马蓟、南苍术、穹隆术、山刺菜、山苍术、山蓟根、大齐齐菜。

一、形态特征

多年生草本，株高 30～50 cm。根状茎肥大，呈结节状，茎直立，不分枝或上部稍分枝。中下部茎叶长 8～12 cm，宽 5～8 cm，3～9 羽状深裂或半裂，基部楔形或宽楔形，几无柄，扩大半抱茎，或基部渐狭成长 3.5 cm 的叶柄；顶裂片与侧裂片不等形或近等形，圆形、倒卵形、偏斜卵形、卵形或椭圆形，宽 1.5～4.5 cm；侧裂片 1～4 对，椭圆形、长椭圆形或倒卵状长椭圆形，宽 0.5～2 cm；有时中下部茎叶不分裂；中部以上或仅上部茎叶不分裂，倒长卵形、倒卵状长椭圆形或长椭圆形，有时基部或近基部有 1～2 对三角形刺齿或刺齿状浅裂。或全部茎叶不裂，中部茎叶倒卵形、长倒卵形、倒披针形或长倒披针形，长 2.2～9.5 cm，宽 1.5～6 cm，基部楔状，渐狭成长 0.5～2.5 cm 的叶柄，上部的叶基部有时有 1～2 对三角形刺齿裂。全部叶质地硬，硬纸质，两面同色，绿色，无毛，边缘或裂片边缘有针刺状缘毛或三角形刺齿或重刺齿。头状花序生于茎梢顶端，直径约 1 cm，长约 1.5 cm，基部叶状苞披针形，边缘为长栉齿状，比头状花稍短，总苞长杯状，总苞片 5～6 层，卵形或阔卵形，有微毛，管状花，花冠白色，退化雄蕊先端圆棒状，不卷曲。瘦果倒卵圆状，密生银白色柔毛，冠毛羽状，长 6～8 mm。花期 7～8 月，果期 8～10 月。

二、产地

苍术大体可以分为两大类，即北方产的北苍术和南方产的南苍术，北苍术产于中国内蒙古、山西、辽宁等地，南苍术产于中国江苏、湖北、河南等地。朝鲜及俄罗斯远东地区均有分布。

三、生长环境

北苍术喜凉爽气候，能耐寒，怕高温，气温在 30 ℃以上时，生长受抑制。种子在 10 ℃以上时开始萌芽，幼苗出土后能承受短期霜冻。苍术生命力很强，常野生于低山阴坡疏林边、灌木丛中及草丛中。对土壤要求不严，荒山、坡地、瘦地也可种植，但以排水良好、地下水位低、结构疏松、富含腐殖质的沙质壤土生长最好。过黏或过沙土壤，不宜栽培。忌连作，轮作期要在 5 年以上。

四、栽培技术

(一)选地整地

以土层深厚、疏松肥沃、富含腐殖质、排水良好的沙质壤土栽培为宜。在选择好的地块上施入基肥，每亩施用腐熟农家肥 3 000～4 000 kg 或商品有机肥 2 000 kg，整平耙细，在干旱地区做成平畦，多雨水的地方做成高畦。床地面撒施杀虫药，防止地下害虫危害幼苗。进行林间栽培时，林木的郁闭度要小于 40%。

(二)栽培方式

苍术栽培可直播，也可育苗移栽。

1. 直播

直播时采用条播，于 3 月下旬至 4 月上旬播种，东北地区要稍晚。按行距 20～25 cm 开沟，沟深 2～3 cm，均匀撒入种子，覆土 2～3 cm，楼平。可用中药材专用播种机调好宽度和深度，开沟、播种、盖土、压实。每亩用种量为大田直播 2～2.5 kg，点播 1～1.2 kg。播种后，可在床面稍加覆盖物，保持土壤湿润。在温度适宜的条件下，一般播种 10 d 左右出苗。当 70%苗出土后，撤掉覆盖物，并及时除草。阴雨天或午后定植易成活。

2. 育苗移栽

整地作畦，畦宽 1～1.5 m、长 5～6 m。按行距 10～15 cm 开沟，沟深 2 cm，播种，覆土楼平，注意浇水，保持湿润。每亩用种量 5～6 kg，宜密不宜稀，不用间苗，育苗田与移栽田比为 1∶(6～7)。苍术苗生长 1 年后，第 2 年开春整体挖出根茎，移栽至大田。大田整地畦宽 1.5～2 m 为宜，按行距 20～25 cm 开沟，沟深 3～4 cm，将块茎均匀撒入沟内，株距 14～15 cm，覆土稍加镇压。

3. 根茎繁殖

于 9～10 月或 3～4 月结合收获，挖取根茎，抖去泥土，将根茎切成小块，每小块有 2～3 个芽，栽到做好的畦内，按行距 25～30 cm，株距 12～15 cm，覆土 3 cm 左右，浇水，每亩根茎用量 80～100 kg。

(三) 田间管理

1. 间苗定苗

育苗地块和移栽大田不用间苗，直播的要间苗。苍术宜密不宜稀，在苗高 5～6 cm 时，间苗至苗间不拥挤为宜。缺苗时，要及时补苗。

2. 中耕除草

苍术出苗后，要及时松土、除草，以促进根系伸长生长。亦可在苍术出苗前或苗高 10～15 cm 时，喷苍术专用除草剂，除去大部分杂草。

3. 水肥管理

一般每年追肥 3 次，结合培土，防止倒伏。第 1 次追肥在 5 月，每亩施用腐熟农家肥 1 000 kg；第 2 次追肥在 6 月旺盛生长期，每亩施入腐熟农家肥 1 000～1 500 kg，也可以每亩施用三元复合肥（15 - 15 - 15）15 kg；第 3 次追肥在 8 月开花前，每亩施用腐熟农家肥 1 000～1 500 kg，同时加施适量草木灰和过磷酸钙。施肥后注意盖土、浇水。雨季及时排水，防止倒伏或烂根。

4. 去除花蕾

对于非留种地的苍术植株应及时摘除花蕾，以使养分集中于根部，促进根系生长。也可喷花蕾抑制剂，抑制开花。摘蕾一般在 7～8 月现蕾期进行。

5. 病虫害防治

根腐病一般在雨季发生严重，在低洼积水地段易发生，危害根部。防治办法：进行轮作；选用无病种苗；生长期注意排水，以防积水和土壤板结；发病期用 50％甲基硫菌灵 800 倍液进行浇灌。

苍术在整个生长发育过程中，均易受蚜虫危害，以成虫吸食茎叶汁液。防治方法：清除枯枝和落叶，深埋或集中处理；在虫害发生期用 50％杀螟松 1 000～2 000 倍液或 1.3％苦参碱 1 500 倍液进行喷洒防治，每 7 d 防治 1 次，连续进行直到无蚜虫危害为止。

五、 采收与加工

北苍术需要生长 2～3 年才可收获，分春秋两季采挖，但以秋后和初春出土前质量好。挖出后，净秧茬，除去茎叶和泥土，晒至四五成干时装入筐内，撞掉须根，表皮呈黑褐色，再晒至六七成干，撞第 2 次，直至去掉全部老皮，晒至全干时撞第 3 次，撞至体形光滑呈黄白色为止，即成商品。也可用火燎烧去须根。以个大、质坚实、断面朱砂点多、香气浓者为佳。

六、 功效

苍术以根茎入药，味辛、苦，性温，归脾、胃、肝经，具有燥湿健脾、祛风散寒、化湿利水、安神、止汗、明目的功效，主治湿阻中焦、脘腹胀满、水肿、风湿痹痛、风寒感冒、眼目昏涩、脾虚食少、消化不良、慢性腹泻、痰饮水肿、胎动不安、盗汗等。

百　合

百合（*Lilium brownii* var. *viridulum*）为百合科百合属植物。别名山百合、药百合、野百合、喇叭筒、岩百合、强瞿、番韭、山丹、倒仙。

一、形态特征

多年生草本，高 70～150 cm。鳞茎球状，白色，直径 2～4.5 cm，暴露部茎带有紫色条纹，光滑，无明显结节，无毛。先端鳞片呈莲座状，茎直立，不分枝。叶互生，倒披针形至倒卵形，上部叶比较小，全缘，两面无毛，叶脉弧形，3～5 脉。花单生或几朵排成近伞形；花梗长 3～10 cm，稍弯；苞片披针形，长 3～9 cm，宽 0.6～1.8 cm；花喇叭形，有香气，乳白色，外面稍带紫色，无斑点，向外张开或先端外弯而不卷，长 13～18 cm；外轮花被片宽 2～4.3 cm，先端尖；内轮花被片宽 3.4～5 cm，蜜腺两边具小乳头状突起；雄蕊向上弯，花丝长 10～13 cm，中部以下密被柔毛，少有具稀疏的毛或无毛；花药长椭圆形，长 1.1～1.6 cm；子房圆柱形，长 3.2～3.6 cm，宽 4 mm，花柱长 8.5～11 cm，柱头 3 裂。蒴果矩圆形，长 4.5～6 cm，宽约 3.5 cm，有棱，内具多数种子。花期 5～8 月，果期 7～10 月。

二、产地

主产于我国河北、山西、河南、山东、四川、安徽、江苏、浙江、福建、广东、广西等地，现全国各地均有栽培。俄罗斯、朝鲜、蒙古国也有分布。

三、生长环境

百合野生于海拔 900 m 以下的山坡林下、草丛及石缝中或溪沟附近。百合为长日照植物，生长前期和中期、现蕾开花期喜光照，光照时间不但影响花芽的分化，而且影响花朵的生长发育。百合耐寒怕涝不喜

高温，喜凉爽。温度高于 30 ℃会严重影响百合的生长发育，低于 10 ℃
生长近于停滞。百合适合在土层深厚、疏松肥沃、排水良好的沙质壤土
上种植。黏重的土壤不宜栽培。

四、栽培技术

（一）选地与整地

依据百合的生物学特性，应选择光照充足、土层深厚、土壤肥沃、
排灌方便、土质疏松的沙壤土栽培。可选择林间空地种植，前茬以豆
类、瓜类、蔬菜或禾本科植物为好，应轮作，不宜连作。百合是耐肥作
物，应以有机肥为主。整地前，每亩施入腐熟农家肥 3 000～4 000 kg，
深翻入土，深度达到 30 cm 以上，整平耙细，做成宽 1.0～1.2 m 的平
畦，两边开 30 cm 宽的沟，以利于排水。

（二）繁殖方法

百合有多种繁殖方法，以鳞茎、小鳞片、珠芽繁殖法为主，也可用
种子繁殖。

1. 鳞片繁殖

百合收获后，选择生长健壮无病虫害、无损伤的鳞茎，用刀切去基
部，剥下鳞片，阴干数日后于 5～6 月生长季节，将鳞片插入预先准备
好的苗床上。按行距 12～15 cm 开横沟，沟深 7～10 cm。然后每隔 3～
4 cm 插栽鳞片 1 块。顶端朝上栽后覆土 3 cm 厚稍微露出，每亩需种鳞
片 150 kg 左右。一般春季扦插的，经 3～4 个月大部分即可生根发叶，
并在鳞片基部长出小鳞茎，此时可进行移栽。再连续培育 2～3 年，挖
取大鳞茎供药用，小的留作种栽。

2. 小鳞茎繁殖

百合母球在生长过程中，于茎轴上会逐渐形成多个新的小鳞茎，将
其摘下，可用作种栽，继续繁殖，大鳞茎供药用。用作繁殖材料的小鳞
茎随收随种或一般于秋后挖起沙藏。翌年春季，在整平耙细的高畦上，
按行距 20～25 cm 开沟 5～7 cm 深。每隔 5～7 cm 插栽 1 个鳞茎，顶端
朝上，栽后覆土。翌年春季出苗后加强田间管理，秋季可收获。为了预
防病虫害，在栽种前用克菌丹、百菌清等水溶液将种球浸泡半小时，也
可以将种球放入 2％福尔马林溶液浸泡半小时进行消毒，取出稍晾干后
再进行栽种。

3. 珠芽繁殖

对于沙紫等百合品种，其叶腋间长有珠芽，可以用作繁殖材料。当夏季百合花谢后，珠芽即将成熟自行脱落前，应及时采收。此时采下珠芽与干细沙混合，并储存于阴凉通风处。于9月中下旬，在整好的苗床上，按行距 15 cm，开 5 cm 深的浅沟，将珠芽均匀地埋入沟内，播后覆盖细土，以不见珠芽为宜。再覆盖稻草，保持土壤湿度，过 15 d 左右，幼苗便可出土。苗期应加强水肥管理，翌年秋季便可获得 1 年生小鳞茎。然后按照小鳞茎繁殖方法，再培育 1 年，便可以提供商品百合。

4. 种子繁殖

9～10 月百合蒴果成熟后，采集扁平而周围具膜翅的种子，置于通风干燥的室内晾干，经净选除去杂质，立即进行播种。若翌年春播，需将种子阴干后进行湿沙层积处理。于第 2 年清明后，挖出筛取种子播种。播前深翻耙地，每亩施入腐熟农家肥 2 000～3 000 kg 作为基肥，整平耙细，做 1.0～1.2 m 宽的平畦。按行距 10～15 cm，开深 3 cm 的浅沟进行条播或均匀撒播。种子播入沟中后轻轻镇压，覆盖 1 层薄细沙，再盖 1 层草帘，浇水保湿，待幼苗出土并长出真叶时，揭去草帘放苗。苗期加强中耕除草、间苗、水肥等管理，3 年后可起挖收获，大鳞茎作为药材，小鳞茎留作繁殖材料，进行扩大再生产。

（三）栽培管理

1. 中耕除草

定植后翌年春季苗齐时开始中耕除草，要保持田间无杂草。一般 1 年中耕除草 3～4 次，但要求浅锄，不要刨伤鳞茎。生长至封行后，可不再中耕除草，大草可用手拔除。

2. 追肥

以鳞茎和种子繁殖的百合幼苗，在第 2～3 年每年追施 2～3 次，第 1 次在苗高 10 cm 左右时，每亩施腐熟农家肥 1 000～1 500 kg，第 2 次现蕾期前每亩追施 1 次腐熟农家肥 1 000～1 500 kg。注意施肥时要在根侧开沟施入，肥不能和种球接触，以防止灼伤仔鳞茎，施后覆土，以促进鳞茎生长。百合对钾元素的需求量很大，生长后期要增施高钾复合肥（10-10-20），用量为每亩 20～30 kg。

3. 灌排水

百合苗生长期遇干旱天气应及时灌水；百合怕涝，夏季高温多雨季节，应注意排水。因为过多的积水容易引起烂根，导致植株死亡。

4. 摘蕾

5～6月，百合现蕾时除留种地外，要及时摘除花蕾，减少养分消耗，以利于鳞茎生长。

5. 病虫害防治

百合常见的病害有绵腐病、立枯病、叶斑病、病毒病、叶枯病、黑茎病。

叶斑病一般5～6月病叶上产生深褐色圆形或不规则的病斑，严重时病斑汇合叶片枯死。

病毒病又称缩叶病，多发生于夏季，危害全株。染病叶片变形皱缩、卷曲直至枯死，地下鳞茎畸形变小，产量和质量下降。

病害防治方法：发现病株立即拔除集中处理，并用生石灰消毒病株。其他预防措施包括种球消毒，轮作换茬；清沟沥水；清除杂草；增施磷、钾肥提高百合植株抗性。

百合常见虫害有蚜虫、金龟子幼虫、螨类。

蚜虫主要危害叶片。防治方法：可用吡虫啉兑水喷杀，每7～10 d喷1次，连续3～4次；此外，要及时清洁田园，铲除田间杂草，减少越冬虫口。

金龟子幼虫可用马拉硫磷、辛硫磷进行预防，螨类可用杀螨剂防治。

五、 采收与加工

挖取鳞茎，除去泥土、茎秆和须根，将大鳞茎剥离成片，按大、中、小分别盛放，洗净泥土，沥干水滴。然后投入沸水中烫煮一下，其间进行搅动，使上、下受热均匀，大片6～8 min，小片4～6 min，当鳞片边缘变软，背面微裂时，迅速捞出，放入清水中漂洗去黏液，立即薄摊于晒席上暴晒，未干时不要随意翻动，以免破碎。五六成干时，经常翻动，使上、下干燥均匀，晾晒至八九成干时，用硫黄熏蒸，再复晒至全干，遇阴雨天则可用文火烘干。

六、 功效

百合以鳞茎入药。中医学认为，百合味甘，性寒，归心、肺经，具有润肺止咳、清心安神之功效，主治肺病咳嗽、痰中带血、劳烦、惊悸、烦躁失眠、神志不安、鼻出血、闭经等。现代医学证明百合有镇咳、平喘和祛痰的作用，能增强呼吸道排泄功能和对抗哮喘。百合水具有明显的镇静、催眠及抗应激性损伤的作用，百合多糖能明显促进脾淋巴细胞的 DNA 和 RNA 合成，使淋巴细胞的存活率增多。百合还有明显的抗疲劳作用。此外百合鳞茎供食用，可制淀粉。

番 红 花

番红花（*Crocus sativus*）为鸢尾科番红花属植物。别名藏红花、西红花。

一、形态特征

多年生草本。地下鳞茎呈球状，外被褐色膜质鳞叶。叶均基生，9～15 片，叶片窄长线形，长 15～20 cm，宽 2～3 cm，叶缘反卷，具细毛，基部包有 4～5 片膜质鞘状鳞片。植株无明显的茎。花顶生 1～2 朵，直接从鳞茎发出，与叶等长或稍短，直径 2.5～3 cm；花被 6 片，倒卵圆形，淡紫色，花筒长 4～6 cm，细管状；雄蕊 3 枚，花药大，基部箭形；雌蕊 3，心皮合生，子房下位，花柱细长，黄色，顶端 3 深裂，伸出花筒外部，下垂，深红色，柱头顶端略膨大，有一开口呈漏斗状。蒴果，长形，具三钝棱，长约 3 cm，宽约 1.5 cm，当果实成熟时，伸达地上。种子多数，圆球形，种皮革质。花期 11 月上旬至中旬。

二、产地

番红花原产于阿拉伯国家，后传入西班牙、德国等，据记载，最早于印度传入我国西藏地区，故有藏红花之称。我国先后从国外引进一批球茎，在上海、江苏、福建、浙江等地试种，上海、江苏、浙江一带试种成功，以上海郊区产量最大，最大的番红花产地为上海崇明岛。

三、生长环境

番红花喜温暖湿润气候，能耐寒，怕水涝，要求肥沃、疏松、排水良好的沙质壤土。不宜在低洼地、黏土地及荫蔽的环境种植。林间种植番红花宜选择幼树林间空地，郁闭度小于 40%。

四、栽培技术

我国现今种植番红花大多采用大田繁殖、室内采花的方法，这种方法在我国各地皆能栽培。种植前选择土质肥沃疏松、排水良好、微碱性的土壤，最宜在缓地或山坡地种植，种植前1个月，每亩施用腐熟农家肥3 000~4 000 kg，将其深翻入土，耙匀整畦。

(一) 繁殖方法

番红花一般采用球茎繁殖。播种一般是在8~9月进行，宜早不宜迟，在播种前要将球茎的侧芽剔除，一般根据球茎的大小重量留取1~3个顶芽，其余剔除，之后放置在阴凉地区晾2~3 d，使伤口愈合。球茎按大、中、小三级分档种植，以利管理。小号球茎行距10~15 cm，株距5 cm左右，深5 cm；中号球茎行距10~15 cm，株距5~10 cm，深10 cm；大号球茎行距15 cm，株距10~15 cm，深10 cm。播种多选用条播，在畦面上开5~8 cm深的沟，控制行距在15~20 cm。浇1次透水，使水分完全渗透土壤，将球茎按10 cm株距平放在沟内，注意要将顶芽向上，然后覆土，一般每亩用种20 000个，400~500 kg。

(二) 田间管理

在播种后如果气温低于5 ℃，则不利于球茎的萌发，所以这时就要及时覆膜，以提高土温，防止冻害，还能减少杂草的生长。当幼苗破土后，要及时破膜放苗，让幼苗露出地膜外，使其快速生长，如果破膜不及时，可能会影响球茎生长。当来年开春后气温回升时要及时将地膜揭除，在地膜揭除后要及时中耕除草，注意中耕时不宜过深，以免伤到植株的根系。这时是子球茎的快速生长期，在中耕除草的同时要及时追肥，保证球茎膨大所需，一般每亩施腐熟农家肥3 000~4 000 kg。另外可根据植株生长情况喷洒2~3次叶面肥，促进球茎生长。番红花进入生长后期时要经常检查田间，发现有侧芽长出，要及时将其摘除，以免影响球茎生长。

春季气温回升，是番红花的生长旺季，但同时也是病虫害的高发期，这时要做好病虫害的防治工作，以免影响到产量和质量。番红花极易发生腐烂病、枯萎病，这些病害在严重时会导致植株大面积死亡，危害极大。一般在揭膜后，及时用多菌灵喷洒植株根部进行防治。

(三) 室内培育采花技术

在5月上旬，当番红花叶片全部枯萎时，选晴天挖起地下球茎，齐顶剪去残叶，除去母球茎残体，将10 g以上球茎按大小分别装入盘内，排放在室内匾架上。匾长100 cm、宽60 cm、高10 cm，由竹木制成。

调节室内的温度、湿度。温度必须控制在 15～30 ℃；室内相对湿度在 80％以上，可通过地面洒水来调节。到 8 月花芽开始分化，9～10 月开始开花，可在室内采收花柱。用此法采收的花柱质量好、产量高，并且采摘方便、省工省时，不受外界环境影响。

五、 采收与加工

采回的花朵，将花瓣轻轻剥离，至基部花冠筒处散开，摘取黄色部分的柱头及花柱，烘干，即为干红花。若再加工，使油润光亮，则为湿红花。以干红花品质较佳。置阴凉干燥处，密闭保存。

六、 功效

番红花是名贵药材，味甘，平，无毒，入心、肝经。其含藏红花素约 2％，系藏红花酸与二分子龙胆二糖结合而成的酯，又含藏红花酸二甲酯、藏红花苦素、挥发油、维生素 B_2 等。球茎含葡萄糖、氨基酸、皂苷。具有活血化瘀、凉血解毒、解郁安神的功效，常用于治疗月经不调、瘀血作痛、腹部肿块、心忧郁积、胸胁胀满、跌打损伤、冠心病、脑血栓、脉管炎等。药用范围广泛，疗效卓越，大量用于日用化工、食品、染料工业及香料和化妆品行业。

黄　精

黄精（*Polygonatum sibiricum*）为百合科黄精属植物。别名大黄精、鸡头黄精、姜形黄精、老虎姜、鸡头参、黄鸡菜、节节高、黄鸡、白豆子、山姜。

一、形态特征

多年生直立草本，高 50～90 cm。黄精根状茎肥厚、横生、圆柱形，由于结节膨大，因此一头粗，一头细，在粗的一头有短分枝（这种根状茎所制得的药材称鸡头黄精），直径 1～2 cm。叶轮生，每轮 4～6 枚，条状披针形，长 8～15 cm，宽 4～16 mm，先端拳卷或弯曲成钩形。花腋生，常有 2～4 朵花，似成伞状，花梗长 4～10 mm，俯垂；花梗基部有苞片，膜质，钻形或条状披针形，长 3～5 mm，具 1 脉；花被乳白色至淡黄色，全长 9～12 mm，花被筒中部稍缢缩，裂片长约 4 mm；花丝长 0.5～1 mm，花药长 2～3 mm；子房长约 3 mm，花柱长 5～7 mm。浆果直径 7～10 mm，种子成熟时黑色，4～7 粒。花期 5～6 月，果期 8～9 月。

二、产地

黄精分布于中国、朝鲜、蒙古国和苏联西伯利亚东部地区；我国黑龙江、吉林、辽宁、河北、山西、陕西、宁夏、甘肃、山东、安徽、浙江等地均有种植。其中姜形黄精主产于贵州遵义、毕节、安顺，湖南安化、沅陵、洪江，四川内江、江油，湖北黄冈、孝感，安徽芜湖、六安，浙江瑞安、平阳等地，以贵州、湖南产量大而质优。鸡头黄精主产于河北迁安、承德，内蒙古武川、卓资、凉城及包头，此外东北、河南、山东、山西、陕西等地亦产。大黄精主产于贵州罗甸、兴义、贞丰，云南曲靖、楚雄大姚，广西靖西、德保、隆林、乐业等地。

三、生长环境

黄精喜阴湿，性耐寒，幼苗能露地越冬，常生于海拔 400～2 800 m 林下、灌丛、山地草甸、山坡阴处。黄精喜欢阴湿气候条件，具有喜阴、耐寒、怕干旱的特性，在干燥地区生长不良，在湿润荫蔽的环境下植株生长良好。在土层较深厚、疏松肥沃、排水和保水性能较好的壤土中生长良好；在黏重或过于干旱以及瘠薄的地块均不宜种植。由于黄精喜阴湿环境，因此比较适合在北方林间种植。

四、栽培技术

（一）选地、整地

选择湿润、荫蔽、排水良好、土层深厚、土壤疏松肥沃、浇灌方便的地块种植，忌连作。前茬种植黄精和育苗的地块不宜作为种植地块。不宜选择前茬种植过茄科作物如辣椒、茄子、烤烟等或种植过其他蔬菜的熟地，最好选择生荒地或前茬为玉米、荞麦等作物的坡地。在选好的地块上翻耕 25～30 cm，整平耙细；开排水沟，沟宽 30 cm；做宽 1.5 m、深 20 cm 的高畦，畦面整平、压实。林下种植黄精，树种可以选择果树、松树、常绿阔叶林或落叶阔叶林，郁闭度 50%～70%，在具有良好保水性的林下沙质壤土或腐殖质层深厚的林下空地种植。所选林地的海拔高度为 400～3 600 m，降水量为 500～800 mm，年均温度为 15～25 ℃。

种植前 1～2 个月先深翻 1 遍，结合整地每亩施腐熟的农家肥 1 000～1 500 kg 及三元复合肥（15 - 15 - 15）25 kg，翻入土中作为基肥，让太阳曝晒自然消毒杀菌，之后耙细整平做垄，垄宽 1.2～1.5 m，垄与垄之间的沟深度应在 20 cm 以上，预防多雨季节墙面积水，在有条件的情况下，可以架设喷灌或滴灌，预防旱季缺水减产；如果所选地块土质酸性较大，可以加入适量草木灰，或土质碱性较大，可以撒入适量硫黄，确保土质呈中性稍微偏酸。

（二）播种

黄精采用根茎繁殖和种子繁殖，以根茎繁殖为主。种子繁殖要选择母本纯正、生长整齐、植株较为整齐、无病虫害的植株所繁殖的成熟度一致、成熟饱满种子进行播种。黄精无性繁殖周期相对较短，产量形成快，是生产中最常见的繁殖方式。

1. 野生苗驯化变家种苗

滇黄精、黄精和多花黄精野生变家种较为普遍，把野生零星的苗收集来，按照块茎的大小，进行分级处理，栽种时大小分开，并把节数多的块茎进行切块，每个种植材料 2～3 节，并用草木灰和多菌灵处理伤口，处理完之后，按（20～25）cm×（25～30）cm 的株行距进行移栽定植。或把野生苗收集来直接按照大小分类，直接移栽，待产生种子后再用种子进行育苗。

2. 种子繁殖

在立冬前后，当黄精果实变成黄色或橙红色，植株开始枯萎时，采集果实，并及时进行处理，防止堆积后发生霉烂。将所采果实置于纱布中，搓去果皮，洗净种子，剔去透明发软的细小种子。种子应呈光滑的乳白色，选择饱满、成熟、无病害、无霉变和无损伤的种子做种，种子不能晒干或风干。黄精种子具有明显的后熟作用，胚需要休眠完成后熟才能萌发。在自然情况下需要经过两个冬天才能出土成苗，且出苗率较低，一般情况下翌年春天播种，播种后第 2 年才出苗，出苗率低，且出苗不整齐。采用种子低温催芽处理能使种子播种后当年出苗，且出苗率高，出苗整齐。具体处理方法：将选好的黄精种子去皮处理后，用 200 mg/L 赤霉素浸泡 30 min，再用干净的湿沙催芽；种子与湿沙按 1∶10 比例拌匀，再拌入种子量 0.5% 的多菌灵可湿性粉剂，拌匀后放置于花盆或育苗盘中，置于室内，温度保持在 18～22 ℃，每 15 d 检查一次，保持湿度在 30%～40%（用手抓一把沙子紧握能成团，松开后即散开为宜），第 2 年 1 月便可播种。

种子育苗宜采用点播或条播，每亩约需种子 50 kg（带果皮和种皮时的鲜重），可育 10 万株苗。按宽 1.2～1.4 m，高 20 cm，沟宽 30 cm 整理苗床。整理好苗床后，先铺一层厚 1 cm 左右洗过的河沙，再铺 1～2 cm 厚筛过的壤土或田园土，然后将处理好的种子按 5 cm×5 cm 的株行距播于做好的苗床上，种子播后覆盖基质，覆土厚 1.5～2.0 cm，再盖一层松针或碎草，厚度以不露土为宜，冷凉的地方可以多盖一些保温，浇透水，保持湿润。播种后当年 5 月开始出苗，一般 8 月苗可出齐。种子繁育出来的种苗生长缓慢，可以喷施少量磷酸二氢钾，其间特别要注意天干造成的小苗死亡。出苗第 2 年，黄精种苗根茎直径超过 1 cm 大小时即可移栽。

3. 切块繁殖

根茎切块繁殖分为带顶芽切块和不带顶芽切块两种方法，一般切块时带顶芽成活率高，并且当年就可以出苗，甚至开花结果，而不带顶芽的切段需要 2 年才形成小苗，且不带顶芽切块黄精分化出来的苗第 1 年基本上只有 1 片叶子，但能够形成多个芽。目前在生产上主要以带顶芽切块繁殖为主。

带顶芽切块繁殖的方法：秋、冬季黄精倒苗后，采挖健壮、无病虫害的根茎，从带顶芽根茎的第 2 节处切割，伤口蘸草木灰和多菌灵或将切口晒干，随后按照大田种植的标准栽培，第 2 年春季便可出苗，其余部分可晒干作为商品出售，也可进行催芽后作为繁殖材料。

温馨提示

注意尽量不要把须根去掉，在须根干枯前移栽（若须根除去或干枯则种栽形成新的根茎前不会发新根，若保持原有的须根完好则须根仍可保持活力，且可生出新根）。

不带顶芽根茎切块繁殖：将不带顶芽的块茎切块，切块长度以 2～3 个节为宜，切块后的伤口蘸草木灰和多菌灵或将切口晒干，置于阴凉处潮湿干净的沙中或沙质壤土中进行催芽，一般要催 2 年后才能出苗，出苗后的 1～2 年，按有萌发能力的芽残茎、芽痕特征，把带芽的块茎掰下，掰下块茎的伤口适当晾干或蘸草木灰和多菌灵，随后按照大田种植标准栽培。

(三) 田间管理

1. 种植时间

一般根据苗的大小来确定移栽时间，小苗（块茎直径＜3 cm）可以在秋季带苗移栽或等冬季地上部分倒苗（11～12 月）开始移栽，而大苗（块茎直径＞5 cm）宜植株倒苗后移栽，此时移栽根系破坏较小，花、叶等器官尚未发育，移栽后当年就会出苗，出苗后生长旺盛。目前雨季移栽小苗也较为常见，一般雨季移栽要注意起苗时尽量减少根部损伤，尽量带苗移栽，减少运输时间，最好起苗后立即移栽。

2. 种植密度

生产上黄精种植密度也不尽相同，一般苗小种植密度相对较大，苗大种植密度相对较小，株距一般为 20～30 cm，行距为 30～50 cm，一般每亩种植 4 400～11 000 株。

3. 种植方法

在畦面横向开沟，沟深 6～8 cm，根据种植规格放置种苗，一定要将顶芽芽尖向上放置，用开第 2 沟的土覆盖第 1 沟，如此类推。播完后，用松针或稻草覆盖畦面，厚度以不露土为宜，起到保温、保湿和防杂草的作用。栽后浇透定根水，以后根据土壤墒情浇水，保持土壤湿润。种栽下种后要覆盖一层秸秆或树叶、干草之类的覆盖物，一方面可以保墒，另一方面可以保温，使其在发芽前生根。

4. 水肥管理

黄精种植后应根据土壤湿度及时浇水，使土壤水分保持在 25%～40%。出苗后，有条件的地方可采用喷灌或滴灌，以增加空气湿度，促进黄精的生长。雨季来临前要注意清理种植沟，以保持排水畅通。多雨季节要注意排水，切忌畦面积水。黄精怕水涝，遭水涝时根茎易腐烂，导致植株死亡，造成减产。

黄精的施肥以有机肥为主，辅以复合肥和各种中微量元素肥料。有机肥包括充分腐熟的农家肥、商品有机肥等。有机肥每次每亩追施1 000～1 500 kg，于 5 月中旬和 8 月下旬各追施 1 次。在施用有机肥的同时，应根据黄精的生长情况配合施用高氮高钾复合肥（20-10-20），施肥采用撒施或兑水浇施，施肥后应浇一次水或在下雨前追施。在其生长旺盛期（7～8 月）可进行叶面施肥促进植株生长，用 0.2% 磷酸二氢钾喷施，每 15 d 喷 1 次，共 3 次。喷施应在晴天傍晚进行，重点喷叶片背面。

5. 中耕除草

出苗后应及时松土除草，保持畦面无杂草。种植第 1 年可以中耕除草，在中耕时必须注意除草时间，一般在苗高 5～10 cm、开花前期，种植第 1 年需除 3 次草，小锄轻轻中耕，不能过深，以免伤害地下茎，第 2 年以后宜人工除草，严禁使用化学除草剂，需将长势旺的杂草拔掉。中耕除草时要结合培土，避免根状茎外露吹风或见光，或在冬季发生冻害，中耕除草时可以结合施用冬肥。

6. 摘花疏果及封顶

黄精的花果期持续时间较长，并且每一茎枝节腋生多朵伞形花序和果实，致使消耗大量的营养成分，影响根茎生长。因此，种植基地需要在花蕾形成前及时将花芽摘去，同时把植株顶部嫩尖切除，打顶时间为展叶期，在黄精展叶 8～10 片时进行打顶。选晴天 6：00～10：00，通过手掐的方法摘除顶芽，以促进养分集中转移到收获物根茎部，利于产量提高。

7. 防冻

黄精种植区域的冬季气温较低，应在苗周盖上一薄层农家肥和秸秆，以防止冻害。

8. 病虫害防治

黄精叶斑病可用 65％代森锌可湿性粉剂 500 倍液防治。

黄精黑斑病多在春季、夏季、秋季发生，危害叶片。防治方法：一般为收获时清园，消灭病残体，发病前期喷施 1∶1∶100 的波尔多液，每 7 d 喷施 1 次，连续喷施 3 次。

蛴螬是黄精种植过程中常见的害虫。防治方法：一是精耕细作，深耕多耙，合理轮作倒茬，合理施肥和灌水；二是播种前或移栽前，每亩可用 10％二嗪磷颗粒剂 1～2 kg 穴施或撒施，不但可以防治当季作物的地下害虫，而且对潜伏在地里的其他害虫虫卵也有消杀作用，从而减轻下茬作物的虫害发生；三是 6 月中旬至 7 月下旬蛴螬成虫发生旺盛时，可以利用成虫趋光趋化的特性，在田间安装黑光灯诱杀成虫。

五、采收与加工

黄精采收过早，产量还未形成；采收过晚，则密度过大，养分竞争激烈，影响黄精生长。用种子繁殖的黄精 3～4 年可以收获，无性繁殖的黄精 1～2 年可以收获。可在秋季地上部分枯萎后到第 2 年春天发芽前采收。

根茎挖取后，去净秧茬，抖去泥沙，削去须根和烂疤，用清水洗净，放在蒸笼内蒸 10～20 min，蒸至透心后，取出边晒边揉至全干即成商品。或者采用晾晒的方法炮制，随晒随用手揉搓和用撞药筐轻溜撞。揉搓一、二、三遍时手劲要轻（避免破皮及折断条），以后逐渐加重手劲（揉搓力一次比一次加重），在揉搓过程中，随时将大个的挑出来晾晒加工。具体要求：将大个的晾晒至稍倒浆（稍软）时，用撞筐轻溜下须子、土质（避免撞破皮），放席上晾晒。一般在中午揉搓溜撞，每日揉两次，至体内无硬心，质坚实，半透明为止，晒干透。在装袋之前利用中午溜撞一下就直接装袋。黄精以块大、肥润、色黄、断面半透明者为佳。

六、功效

黄精以根茎供药用，性甘味平，归脾、肺、肾经，具有补气养阴、健脾、润肺、益肾的功效，用于脾胃气虚、体倦乏力、胃阴不足、糖尿病、高血压病、口干食少、肺虚燥咳、精血不足、腰膝酸软、须发早白、内热消渴等。黄精还具有抗老防衰、轻身延年、降血压、降血脂、降血糖、防止动脉硬化以及抗菌消炎、增强免疫力之作用。外用黄精流浸膏可治脚癣。

蒲 公 英

蒲公英（*Taraxacum mongolicum*）为菊科蒲公英属植物。别名蒲公草、地丁、婆婆丁、黄花地丁、蒲公丁、奶汁草、华花郎。

一、形态特征

多年生草本植物，根略呈圆锥状，弯曲，长 4～10 cm，表面棕褐色，皱缩，根头部有棕色或黄白色的茸毛。叶为倒卵状披针形、倒披针形或长圆状披针形，叶柄及主脉常带红紫色，长 4～20 cm，宽 1.0～6.5 cm，大头羽状深裂或羽状浅裂，稀不裂而具波状齿，顶端裂片三角形或长三角形，全缘或具齿，先端急尖或圆钝，每侧裂片 3～7片，裂片三角形至三角状线形，全缘或具牙齿，平展或倒向，裂片先端急尖或渐尖，裂片间常有小齿或小裂片，叶基有时显红紫色，无毛或沿主脉被稀疏的蛛丝状短柔毛。花为黄色，花葶 1 个至数个，与叶等长或稍长，高 5～40 cm，顶端被丰富的蛛丝状毛，基部常显红紫色；头状花序直径 25～40 mm；总苞宽钟状，长 12～25 mm，总苞片绿色，先端渐尖、无角，有时略呈胼胝状增厚；外层总苞片宽披针形至披针形，长 4～10 mm，宽 1.5～3.5 mm，反卷，无或有极窄的膜质边缘，等宽或稍宽于内层总苞片；内层总苞片长为外层总苞片的 1.5倍；舌状花亮黄色，花冠喉部及舌片下部的背面密生短柔毛，舌片长 7～8 mm，宽 1～1.5 mm，基部筒长 3～4 mm，边缘花舌片背面有紫色条纹，柱头暗黄色。瘦果浅黄褐色，长 3～4 mm，中部以上有大量小尖刺，其余部分具小瘤状突起，顶端突然缢缩为长 0.4～0.6 mm 的喙基，喙纤细，长 7～12 mm；冠毛白色，长 6～8 mm。花期 4～9 月，果期 5～10 月。

二、产地

全国大部分地区均产，主产于山西、河北、山东及东北等地。

三、生长环境

蒲公英适应能力强，广泛生于中、低海拔地区的山坡草地、路边、田野、河滩。其种子随风飘散，繁殖力强。果园林下常见其身影。

四、栽培技术

(一) 选地

蒲公英适应性强，既耐旱又耐碱，喜疏松肥沃、排水好的沙壤土，一般选肥沃、湿润、疏松、有机质含量高的沙质壤土或土层深厚、有机质含量高的土地种植。忌选保水、保肥差，易风干的新积土和火山灰暗棕壤种植蒲公英。

林下栽培蒲公英的关键技术之一是林地的选择，选择适合蒲公英生长的林龄；如果林地郁闭度高，林下光照强度不能满足蒲公英对光合作用的需求，会影响产量。蒲公英生长对光照有一定要求，不同光照强度对其叶片叶绿素含量、净光合速率以及品质都有一定的影响，在 $910~\mu mol/(m^2 \cdot s)$ 光照强度下进行栽培，可提高光合效率和产品品质。故适合在郁闭度 60% 以下的幼龄林内间种。

(二) 整地与施肥

播种前需施足底肥并进行深翻地。每亩耕地施腐熟农家肥 2 000～2 500 kg，与土壤充分混合耙匀后，深翻 25～30 cm，整平耙细，做宽 100 cm、高 15 cm 的长畦。条播在畦面上按沟距 10～12 cm、深 1.5 cm，开沟待播。播种时要求土壤湿润，如土壤干旱，在播种前 2 d 浇透水。春播最好进行地膜覆盖，夏播雨水充足，可不覆盖。

(三) 繁殖方法

1. 种子直播

蒲公英种子无休眠期，在我国广大北方地区 4 月初播种比较适宜。为了增加收益，提高产量，保证出苗整齐，可播前催芽，即将种子置于 50～55 ℃温水中，搅动至水凉后，再浸泡 8 h，捞出种子包于湿布内，放在 25 ℃左右的地方，上面用湿布盖好，每天早晚用温水浇 1 次，3～4 d 种子萌动即可播种。将催芽的种子与湿润沙土拌匀播种于沟内，及时覆土厚 2.5 cm 左右，稍加镇压即可。每亩播种量为 1.5～2 kg。种子也可不做处理，用常规方法将种子与沙土混合后待播，种子落地均匀，有利于出苗。如遇低温干旱，可扣膜保温保湿，出苗后及时除膜，防止烧苗。

2. 育苗移栽

（1）播种育苗。为了使出苗快而整齐，应当提前 3 d 用清水浸种 20～24 h，再用清水冲洗 2～3 遍，然后置于 20 ℃左右处催芽 2 d 即可播种（催芽期间每天应翻动种子 3～4 次，以利出芽整齐，并用清水冲洗 1 次）。

（2）适时分苗。播后 25 d 左右，小苗长出 2 片真叶时就可进行分苗，移苗土也必须使用配制好的营养土，采用 8 cm×8 cm 的营养钵。每钵移 1 株（弱小的子苗也可每钵移 2～3 株）。

营养土要结构好，即疏松、通气、透水，同时肥力高。可采用 40％田土、40％腐熟牛粪、10％优质粪肥、10％炉灰、0.3％三元复合肥（15－15－15）搅拌混匀（混合前均需过筛）。

3. 母根移栽法

以肉质直根繁殖为主，在 3 月中下旬和 9 月下旬都可用肉质直根繁殖栽培。以 9 月下旬繁殖栽培为例，在晴天的 8:00～10:00 到野外去采挖野生蒲公英母根，选挖叶片肥大、根系粗壮者，挖出后，保留主根与顶芽，作为种用。当天下午在畦内定植，沟深 7～8 cm，行距 20～25 cm，株距 10～12 cm，每畦定植母株 6 行，为防烂根，种后第 2 天再浇水。为缓苗养根，可少浇水，在封冻前浇一次封冻水，并盖上草帘，等待越冬。翌年 2 月中下旬即可采叶上市。

（四）田间管理

1. 间苗补苗

蒲公英一般播种后 7～12 d 出苗。当幼苗进入 3 叶期、6 叶期和 8 叶期时，应结合中耕除草分别进行 3 次间苗，间苗时采用邻行错位的原则，充分利用光照和土地，避免遮阴。间苗时根据生长情况去弱留强、去病留壮，株距 5～8 cm，再经 10～15 d 即可定苗，定苗株距 8～10 cm，缺苗断垄要及时补苗，保壮苗保全苗是稳产高产的基础。

2. 中耕除草

蒲公英幼苗细小，要随时拔除杂草。蒲公英出齐苗后，不再洒水，及时进行浅锄中耕，疏松表土，结合中耕进行除草、间苗、定苗。浅锄松土时将表土内的细根锄断，有助于主根生长，同时做到田间无杂草。床播的用小尖锄在苗间刨耕；垄播的用镐头在垄沟刨耕。以后每 10 d 进行 1 次中耕松土。封垄后要不断人工除草。

3. 施肥灌溉

出苗前，如果土壤干旱，可在播种畦上先稀疏散盖一些麦秸或茅草，然后洒水，保持土壤湿润。蒲公英出苗后需要大量水分，因此保持土壤的湿润状态是蒲公英生长的关键。蒲公英长到1叶1心时，进行第1次追肥，每亩施用三元复合肥（15-15-15）15 kg，施肥后浇水。原则是小水勤浇。3叶1心时，进行第2次追肥，方法同上。正常生长期间每月浇水不超过1次。叶面追肥可在9月中旬用富硒康0.1%稀释液，进行叶面喷洒（1次）；冬季生产时，再于采收前10 d喷洒1次，可大大提高产品的含硒量。

若作为菜用栽培，不宜施用过多的化肥，应以有机肥为主。若作为花卉栽培，则早春返青后喷施1%尿素溶液，每平方米5～10 g；当可见总状花序时，每平方米喷施0.5%的磷酸二氢钾溶液3～5 g。花期结束后，尽早剪去枯叶，每平方米沟施30～50 g尿素，并于花后15～20 d结合浇水，每平方米施磷酸二氢钾20～30 g。

4. 病虫害防治

危害蒲公英的主要病害包括叶斑病、斑枯病、锈病、枯萎病等。

叶斑病：叶面初生针尖大小褪绿色至浅褐色小斑点，后扩展成圆形至椭圆形或不规则状，中心暗灰色至褐色，边缘有褐色线隆起，直径3～8 mm，个别病斑20 mm。

斑枯病：初于下部叶片上出现褐色小斑点，后扩展成黑褐色圆形或近圆形至不规则病斑，大小5～10 mm，外部有一不明显黄色晕圈。后期病斑边缘呈黑褐色。

锈病：主要危害叶片和茎。初在叶片上现浅黄色小斑点，叶背对应处也生出小褪绿斑。后产生稍隆起的疱状物，疱状物破裂后，散出大量黄褐色粉状物，叶片上病斑多时，叶缘上卷。

上述三种病害的防治方法：注意田间卫生，结合采摘收集病残体携带至田外烧毁；清沟排水，避免偏施氮肥，适时喷施植宝素等，使植株健壮生长，增强抵抗力；发病初期开始喷洒42%氟硅唑乳油8 000倍液，或20.67%万兴乳油2 000～30 000倍液，或40%多·硫悬浮剂500倍液，或50%异菌脲可湿性粉剂1 500倍液，每10～15 d喷1次，连续防治2～3次。采收前7 d停止用药。

枯萎病：初发病时叶色变浅发黄，萎蔫下垂，茎基部也变成浅褐色。横剖茎基部可见维管束变为褐色，向上扩展枝条的维管束也逐渐变成淡褐色，向下扩展致根部外皮坏死或变黑腐烂。有的茎基部裂开，湿度大时产生白霉。防治枯萎病提倡施用酵素菌沤制的堆肥或腐熟有机肥；加强田间管理，与其他作物轮作；选种适合本地的抗病品种；选择宜排水的沙性土壤栽种；合理灌溉，尽量避免田间过湿或雨后积水；发病初期选用 50％多菌灵可湿性粉剂 500 倍液，或 50％琥胶肥酸铜可湿性粉剂 400 倍液，或 30％碱式硫酸铜悬浮剂 400 倍液灌根，每株用药液 0.4～0.5 L，视病情连续灌 2～3 次。

五、采收与加工

地上部分采收时，选大株，留中、小株继续生长，培育壮根，以便来年培育壮苗。食用蒲公英需要采收嫩叶上市，一般出苗 25 d 左右进行收割或采摘，分批采摘外层大叶食用或用刀贴地割取心叶以外的叶片食用。蒲公英作为药材时采收的最佳时期是在植株充分长足，由营养生长转向生殖生长，个别植株顶端可见到花蕾时。此时叶芽已转变为花芽，植株不再长出新叶。收割叶片的操作如上所述。收割后 5 d 内不浇水，防止烂根，之后结合浇水及时补充土壤养分。

蒲公英全株入药，对地下部采收一般在播种后 2～3 年进行。肉质根的收获应于上冻前完成，将肉质根挖起，摘掉老叶，晒干以作药用。

种子采收。5～6 月为蒲公英开花结籽期。开花后 15 d 左右种子即可成熟，选择根茎粗壮、叶片肥大的植株作为采种株。采种时将花盘摘下，放室内后熟 1 d，待花序全部散开，再进行 1～2 d 阴干，待种子半干时，用手揉搓或用细柳条轻轻抽打去掉冠毛，晒干备用。

六、功效

蒲公英以干燥全草入药，性味甘、平，无毒，入肝、胃经。其植物体中含有蒲公英醇、蒲公英素、胆碱、有机酸、菊糖等多种营养成分。有清热解毒、消肿散结、利尿通淋、缓泻、退黄疸、利胆等功效，可治疗上呼吸道感染、急性扁桃体炎、咽喉炎、结膜炎、急性腮腺炎、急性乳腺炎、胃炎、肠炎、肝炎、胆囊炎、急性阑尾炎、泌尿系统感染、盆腔炎、淋巴腺炎、瘰疬、疔毒疮肿、感冒发热、急性支气管炎等疾病。蒲公英可生吃、炒食、做汤，是药食兼用的植物。

食用玫瑰

食用玫瑰（*Rosa rugosa*）为蔷薇科蔷薇属植物。别名家刺玫果花、玫瑰。

一、形态特征

直立灌木，高可达 2 m。茎粗壮，丛生；小枝密被茸毛，并有针刺和腺毛，有直立或弯曲、淡黄色的皮刺，皮刺外被茸毛。小叶 5～9，连叶柄长 5～13 cm；小叶片椭圆形或椭圆状倒卵形，长 1.5～4.5 cm，宽 1～2.5 cm，先端急尖或圆钝，基部圆形或宽楔形，边缘有尖锐锯齿，上面深绿色，无毛，叶脉下陷，有褶皱，下面灰绿色，中脉突起，网脉明显，密被茸毛和腺毛，有时腺毛不明显；叶柄和叶轴密被茸毛和腺毛；托叶大部贴生于叶柄，离生部分卵形，边缘有带腺锯齿，下面被茸毛。花单生于叶腋，或数朵簇生，苞片卵形，边缘有腺毛，外被茸毛；花梗长 5～22.5 mm，密被茸毛和腺毛；花直径 4～5.5 cm；萼片卵状披针形，先端尾状渐尖，常有羽状裂片而扩展成叶状，上面有稀疏柔毛，下面密被柔毛和腺毛；花瓣倒卵形，重瓣至半重瓣，芳香，紫红色至白色；花柱离生，被毛，稍伸出萼筒口外，比雄蕊短很多。果扁球形，直径 2～2.5 cm，砖红色，肉质，平滑，萼片宿存。花期 5～6 月，果期 8～9 月。

二、产地

食用玫瑰原产中国，全国各地均有种植，主产于江苏无锡、江阴、苏州，浙江吴庆长兴，山东东平等地；20 世纪八九十年代，河北省承德市围场县开始大面积种植。不仅中国广泛栽培，朝鲜及欧美各国也有大量栽培。

三、生长环境

食用玫瑰是阳性花卉，喜气候温暖、阳光充足、雨量适中的环境，耐寒、耐旱、怕水涝。适宜的生长温度为 15～25 ℃。温度太高，不适合其生长，温度高于 35 ℃时发育不良，叶子易黄。其耐寒性强，－10 ℃低温时，仍能安全越冬。食用玫瑰生长一般对土壤要求不严，但在有机质含量高、肥沃疏松和排水良好的中性或微酸性沙质壤土中生长较好。在黏壤土上生长不良，开花不多。也可在林间空地进行种植，但林木的郁闭度应小于 30％。此外，食用玫瑰栽培地需通风良好，闷热、潮湿且通风不良的环境易使玫瑰植株感染黑斑病、白粉病等。

四、栽培技术

（一）选地整地

育苗地，宜选择疏松、肥沃的沙质土和有水源的地方。深翻前，每亩施入腐熟农家肥 2 500～3 000 kg 作为基肥。然后深翻，整平耙细做成宽 1.3 m 的高畦，畦长 5～8 m 为好，四周挖好排水沟。栽植地，宜选地势高燥、阳光充足、土壤疏松肥沃、排水良好的地块。在冬季深翻土地，让其风化熟化。于栽前施足基肥，用量一般为每亩施用腐熟有机肥 3 000 kg，整平耙细。

（二）移栽

采用扦插繁殖，成本投入低、可操作性强；种苗有裸根苗、基质苗、地插苗。根据种苗类型调整种植时期，插地育苗在冬季完成，裸根苗在冬季移栽（因雨季栽种高温死苗率高），基质苗可随时移栽。扦插苗于 6 月上中旬移栽。移栽时，选阴天带土团挖起幼苗，或根部蘸泥浆。在整好的栽植地块上，按株距 50～80 cm、行距 100～160 cm 挖种植坑，种植坑直径和深度各 40～50 cm。挖松底土层，施入适量的有机肥作为基肥，上盖 5～10 cm 厚的细土。然后，将苗株栽入穴内，每穴 1 株，使根系向四周散开、平展。栽后覆盖细土，当覆土至半穴时，将苗株轻轻向上提一下，使根系舒展，再盖土至满穴，用脚踏实，盖土稍高出畦面，浇透定根水。

（三）田间管理

1. 中耕除草

杂草要用手拔除，中耕要浅，耙松表土即可。做到勤除草，浅松土，保持田间无杂草。

2. 肥水管理

食用玫瑰定植后3～4年进入产花盛期，合理的管理及水肥条件可使盛花期持续10年。移栽成活后追肥4次。第1次追肥于清明前后，玫瑰花芽开始萌动，结合浇水每亩施入高氮复合肥（20-10-10）10～15 kg，以促苗株萌发生长健壮。第2次于孕蕾时或采花前，每亩施入三元复合肥（15-15-15）10～15 kg，以促生殖生长，使花蕾多而饱满、充实；为提高肥效，也可进行施根外肥，在0.3%尿素液中加入0.1%磷酸二氢钾，于无风的早晨或傍晚喷洒叶面。第3次于摘花以后，每亩再追施1次高磷高钾复合肥（10-20-20）10～15 kg。第4次在入冬前施入越冬肥，以农家肥为主，于株旁开沟施入，每亩施用腐熟有机肥2 000～3 000 kg，施后覆土盖肥并进行培土，以利植株安全越冬。春季要保证土壤水分，原则是土壤干燥就充分浇水。

3. 修剪

玫瑰为多年生花卉，随着植株的老化，应逐年进行更新复壮修剪，在漫长的生长过程中，适度修剪可使植株生长旺盛，并维持美观的株形。若不加以修剪，任枝条生长衰老，则花朵会逐渐减少，影响产量。

修剪应在植株落叶后至发芽前进行，修剪以疏剪为主，每丛选留壮枝条15～20枝，减去枝条长度的1/3～1/2，除掉老枝、枯枝、病枝和弱枝，空间大的可以适当短剪，促发分枝，对弱枝、老枝要适当重剪。此外，开花后对于生长旺盛、枝条密集的株丛要进行修剪。疏除密生枝、交叉重叠枝，剪除衰老枝、病虫枝、纤弱枝和密生枝，促使抽生新枝。修剪时将开花后的枝条从第5小叶处剪去，其剪口必须平整，并与腋芽呈45°角。经过适度修剪，玫瑰会再长出新枝，新枝上会着生花蕾，并再度开花。

4. 病虫害防治

食用玫瑰主要病害有锈病、白粉病、褐斑病。防治锈病可摘除病芽深埋。在锈病、白粉病、褐斑病发病前和发病期每半个月喷洒1次三唑酮或百菌清，对防止病害侵染蔓延有良好效果。

食用玫瑰的主要害虫有金龟子、大袋蛾、红蜘蛛、蚜虫、介壳虫、天牛等。金龟子、大袋蛾主要危害玫瑰嫩梢和叶片，在发生期间可喷洒辛硫磷、敌杀死；红蜘蛛、蚜虫、介壳虫主要吸食玫瑰汁液，造成植株长势衰弱，可喷洒杀螟松进行防治；天牛是毁灭性害虫，应捕杀其成虫并清除其吸取营养的蜜源植物，以抑制其发生。

五、采收与加工

玫瑰的采收时间不同，产量与质量有较大差异。通常玫瑰花蕾应在未开放前采收，即花蕾纵径是花萼3倍时采收最好，过早产量降低，过晚花已开放影响质量。开花集中期选择健壮饱满的花蕾采摘，其他细弱花蕾待完全开放后采摘花瓣，其他时间零星开放的花也待完全开放后采摘花瓣。一般是早晨露水落后采摘盛开的花朵，随后晾干或用文火烘干。烘时将花薄摊，花冠向下，使其最先烘干，然后翻转迅速烘至全干。

六、功效

食用玫瑰味甘微苦、性温，以花蕾或初开的花供药用，有行气解郁、止痛理气、收敛、活血散瘀和调经止痛等功效。药用玫瑰能够温养人的心肝血脉，舒发体内郁气，起到去口臭、镇静、安抚、抗抑郁的功效。

欧 李

> 欧李 (*Prunus humilis*) 为蔷薇科樱属植物。别名钙果、高钙果、乌拉奈、酸丁。

一、形态特征

落叶灌木,高 0.4~1.5 m。小枝灰褐色或棕褐色,被短柔毛。冬芽卵形,疏被短柔毛或几无毛。叶片倒卵状长椭圆形或倒卵状披针形,长 2.5~5 cm,宽 1~2 cm,中部以上最宽,先端急尖或短渐尖,基部楔形,边缘有单锯齿或重锯齿,上面深绿色,无毛,下面浅绿色,无毛或被稀疏短柔毛,侧脉 6~8 对。叶柄长 2~4 mm,无毛或被稀疏短柔毛;托叶线形,长 5~6 mm,边有腺体。花单生或 2~3 花簇生,花叶同开;花梗长 5~10 mm,被稀疏短柔毛;萼筒长宽近相等,约 3 mm,外面被稀疏柔毛,萼片三角卵圆形,先端急尖或圆钝;花瓣白色或粉红色,长圆形或倒卵形;雄蕊 30~35 枚。花柱与雄蕊近等长,无毛。核果成熟后近球形,红色或紫红色,直径 1.5~1.8 cm;核表面除背部两侧外无棱纹。花期 4~5 月,果期 6~10 月。

二、产地

欧李原产于中国,分布在河北、辽宁、吉林、黑龙江、内蒙古、河南、山东、江苏、四川等地,在欧洲、北美、南非也被广泛栽培。

三、生长环境

欧李适应性强,抗寒、抗旱、耐瘠薄、耐盐碱,喜较湿润环境,在肥沃的沙质壤土或轻黏壤土种植为宜。此外具有特殊的抗旱本领,适合干旱地区种植。旱时能避旱,雨季能蓄积水。在干旱的春季,欧李不仅叶片含水量较高,而且保水力强。欧李叶片小而厚,虽然气孔密度大,但气孔小,水分散失的少。在干旱季节地上部生长速度减缓,植株基部产生多量基生芽,这些芽不萌发,一旦遇到降水基生芽可形成地下茎在土壤中伸长，形成根状茎或萌出地表形成新的植株。这种生理特点是欧李抗旱的内在因素。

虽然欧李属于喜阳植物，但并不适应阳光过度照射，通常选择背风向阳、土层深厚（35 cm 以上）、土壤肥沃的平地或坡度 25°以下的缓坡地种植较为适宜，以半山坡林间空地最佳，既光照充足又有一定的遮光能力，如在土地资源紧张的地区选址建园，可选择在果树行间种植，栽培土壤的酸碱度以 pH 6.5～8.5 为适宜。野生欧李常见于山地灌丛中。

四、栽培技术

（一）整地

欧李适合种植在光照充足，且有一定荫蔽度的地方。土壤要保证有充足的肥力，腐殖质丰富且有一定的通透性，这样的土壤能够有效保证欧李的生长。选好地之后栽植前要进行平整，深翻土壤 30 cm 左右，并将土块整碎、整平，以减少土中残留的细菌、病菌对欧李生长的影响。深翻时施入充足的底肥，将其与土壤充分混合，提高土壤的肥力，用量为每亩腐熟农家肥 2 000～3 000 kg，或商品有机肥 1 500～2 000 kg。然后起畦做埂，将田埂踩紧压实，提高土壤的保水保肥能力，促进欧李的生长，增加产量。

（二）繁殖方式

欧李的繁殖方式一般为种子繁殖、扦插繁殖、分蘖繁殖和嫁接繁殖。

采集成熟果实，晾干，在阴凉通风处储藏。元旦前后进行层积处理，于背阴处挖深、宽各 1 m，长度随种子多少而定的储藏沟。选用大河沙，河沙的湿度以手握成团扔之即散为好，底部铺 20 cm 厚的河沙，然后按一层种子一层河沙铺放，距地面 20 cm 时全部用河沙封平，最后用土封成高于地面 20 cm 的土堆，种子多时每隔 1 m 竖一草把，以利通气，天冷时应盖上草毡。3 月初当种子有 15% 破壳露芽时即可播种。采用穴播，行距 40 cm，株距 15 cm，每穴 3 粒，覆土 3～4 cm 厚，然后用地膜进行覆盖，出苗率可达 85% 以上。

扦插育苗于 5 月上旬选择优良单株，采集当年生半木质化、粗度在 0.4 cm 以上的插条，长度 8～10 cm，上面平口，下面斜口，采后立即去叶，只留上部 1～2 片小叶，并立即插入清水中放阴凉处。为提高生根率，可用生根粉浸泡基部 20 min。选用干净的河沙作为基质，厚度

20 cm，上盖塑料布和遮阳网，扦插株行距 5～8 cm，插时先用稍粗于插条的小棍插孔，再插入插条。插完后及时浇透水并进行叶面喷水，每天喷水 3～5 次，保持叶片不失水。插后每 3 d 喷 1 次 0.2％多菌灵或甲基硫菌灵预防病害，这样经过 15～20 d 就可生根。生根半个月后经炼苗，选择阴天的傍晚移栽至苗圃，前期喷 0.3％尿素，后期喷 0.3％磷酸二氢钾，精心管理，当年可长至 30～40 cm，翌年即可开花。

分蘖繁殖，在落叶后至发芽前均可进行。最好于冬初挖取 0.5～1 cm 粗的根，剪成 15～18 cm 长，50 根一捆，系上品种标签，进行沙藏，翌年 2 月下旬至 3 月上旬进行埋根，株行距（15～35）cm×（15～35）cm，上端与地面平，埋后浇透水然后盖地膜，可增温保湿，提高出苗率、成苗率。欧李根蘖苗多，可于春季芽萌动前挖出根蘖苗归圃。

嫁接繁殖欧李生长慢，枝条细。嫁接多采用生长一年的苗子，于早春采用枝接法。对于劣质品种也可于春季采用枝接法改接优良品种。

（三）苗木选择与定植

1. 苗木选择

依据株高、地径、腋芽数量可将欧李苗木划分为 3 级。

一级苗：株高 40 cm 以上，地径大于 0.35 cm，80％的叶腋间有分化芽 2～3 个。

二级苗：株高 20～35 cm，地径 0.2～0.3 cm，30％～50％的叶腋间有分化芽 2～3 个。

三级苗：株高 15 cm 左右，地径 0.2 cm 以下。

苗木选择时可从土地肥力、气候条件、经营成本等实际情况出发加以考虑，选择适合的苗木等级。

2. 定植

平地种植欧李可采用高畦种植，畦宽 0.5～0.6 m，畦高 0.20～0.25 m，畦长可因地制宜。坡地种植可按等高线规划栽培，陡坡种植多采用梯田方式。

欧李的种植时间一般要在落叶后进行，或者在春季土壤温度回升解冻后进行，如果不是带土苗，那么春秋两季都可进行。最佳时节为春季芽未膨大前，这样可保证欧李当年挂果。在定植前要对苗木的根系进行修剪，剪掉老根留出新茬。在栽植的时候还需要注意控制好种植密度，株距一般为 0.5～1 m，行距为 0.5～1 m，以便提高欧李植株间的通风透光率，既能防止种植过密，植株互相影响生长，又能提高土地的资源利用率，便于种植管理工作。定植穴直径 30～40 cm、深 50 cm，苗木移入穴后要避免窝根，苗木的根颈部位保持与地表平齐，栽植前穴底施有机肥 1 kg 作为底肥，并覆盖 1 层表土避免烧苗，或将有机肥与表土混合后回填，定植后踩实回填土，并浇足水分。

（四）土肥水管理

欧李的耐瘠薄能力虽强，但是人工种植产量是比较高的。要保证有充足的营养水分才能够提高欧李的产量。在种植欧李时，每年要追肥 4 次左右，注意肥料用量及种类，防止施肥不当导致欧李产生肥害。要注意观察土壤的含水情况，防止水分不足影响欧李的生长，要经常浇水。但是水分也不宜过多，水分过多的时候要及时排水，避免积水沤根，降低产量。

1. 中耕

中耕除草可以减少养分的消耗，促进欧李生长。整个生长期中耕除草 3～4 次。欧李属于浅根系灌木，中耕除草不宜过深，以免伤害水平根。

2. 施肥

为保证人工种植欧李的产量，每年需追肥 4 次左右，分别为萌芽前、花期、果实膨大期及采收后，一般可选用尿素和复合肥单独或搭配施用。

欧李萌芽前可选用高氮复合肥（20-10-10）追肥 1 次，采用沟施法，每亩施肥 20～30 kg，施肥深度 10～20 cm；花期可每亩施尿素 10～20 kg，以促进开花结果；果实膨大期可每亩施高磷高钾复合肥（10-20-20）10～20 kg，或喷施 0.1% 尿素、0.1% 磷酸二氢钾等叶面肥，以促进果实膨大。秋季苗木进入休眠期时施底肥，采用穴状施肥法，在距树根 15 cm 处挖若干小穴，施肥穴均匀分布，将肥料施入穴中并埋好，通常株施腐熟农家肥 1 kg。

3. 灌溉

欧李虽然抗旱耐瘠，但因产量大需要充足的水分供应才能保证欧李的高产稳产。因此在有条件的地方，浇水追肥还是十分必要的。浇水时间及次数可视土壤缺水情况而定。定植后的苗木需水量较多，栽后的 20 d 内每天浇水 1 次，以确保成活率。20 d 后要每隔 1 周浇 1 次透水，花期最好不要浇水，以防潮湿烂花。夏季高温天，视炎热程度及土壤墒情，适时补水。入冬土地封冻前浇足封冻水，有利于提高根系的抗冻性和苗木春季的抗旱性。灌溉时要避免积水，水分过多时要及时排水，从而降低沤根现象的发生概率。灌溉时采用滴灌和喷灌的方式均可。

（五）整形修剪

要培育壮苗，需栽后在苗高 30～35 cm 处剪枝定干，以此消除顶端优势，促进侧枝萌发。苗木定植当年不需过多修剪，枝条形成后保留枝干强的侧枝，从中培养 3～4 个主枝及大、中、小型结果枝组，株形以丛状形或自然开心形为宜。花期修剪要注意剪除弱花。疏果通常在果实长到大豆大小时进行，健壮枝留果 20 个，中庸枝留果 10 个，弱枝留果 5 个。夏季对辅养枝、直立枝和大枝进行拉枝，以增加中、短枝数量。秋季采果后，疏除过密枝、瘦弱枝、病虫枝。对定植 1 年后的苗木要在早春适当短剪，基部粗度小于 1 mm 的分枝应全部彻底疏除，对过长的分枝可短剪到 30 cm 以下，苗木的主干一般保持 30～40 cm，最上端 5～10 cm 长的枝条一般发育不充实应剪除。地下部萌出的基生枝和根蘖前 3 年一般每年可保留 1～2 个，如果保留过多，原主丛枝便会很快衰弱。对定植 2 年后的苗木每年要对其上部枝进行更新修剪，对多年生的主干回缩短剪，并使单株苗木的根蘖和基生枝维持在 6～7 个。为获得较高的产量和较大的果子，一般每年每株可留约 200 个果实，将其分布在 3～4 个基生枝、十几个左右的分枝上。

（六）授粉坐果

欧李自花结实率低，在花期采用人工授粉或放蜂的方法可以提高产量，同时在花期叶面喷施 0.1% 硼肥能稳定坐果率。为提高授粉效果可配置授粉树，同一地块的栽培品种不低于 2 个，且花期相近，品种配置比例为 1∶(1～3)。由于欧李枝条柔软，果实膨大期为避免枝条因结实量大而负重过多，发生枝条弯折和拖地的现象，应使用竹竿将枝条架起，以此保证欧李的产量不受损失。

（七）病虫害防治

病虫害防治是种植欧李时最重要的一项工作。因为病虫害对欧李的危害是致命性的，所以在种植时一定要做好病虫害防治工作。欧李常见的病虫害有白粉病、花金龟、蚜虫等。虫害较为严重，要以预防为主，冬季做好清园工作，破坏害虫虫卵的越冬场所。然后定期喷洒杀虫剂，经常观察生长情况，发生异常情况后根据具体原因进行对症处理。一般欧李开花期蚜虫危害较重，被害率在 70% 以上，结果期以白星花金龟危害较重，被害率为 8%。

种植过程中加强欧李的田间管理，及时疏枝疏果，清除有虫枝条和老弱枝，增加通风透光性，增强欧李长势。勤松土，适时除草，可以有效地减少杂草与欧李争水、争肥，同时要注意保留一定杂草带，保证一定数量的天敌类群。针对欧李害虫发生情况，及时做好预防工作，积极采取物理措施进行防控。秋末休眠、早春发芽前可采用堆沙法防治春尺蠖和杨梦尼夜蛾，减少出土成虫的种群数量；在欧李园周围有大量温室或大棚种植时，早春要消灭蚜虫虫源，在有翅蚜迁飞前期或初期，应及时悬挂黄色粘虫板进行防治；果实成熟期防治白星花金龟，可采用糖醋诱杀液、毒饵和灯光诱杀，或进行驱避，或人工捕捉。如果上述技术措施不能有效防治病虫害，还可采取化学药剂防治：如蚜虫危害十分严重，超过敌蚜比，可使用 2.5% 吡虫啉可湿性粉剂 2 000 倍液或 3% 啶虫脒乳油 1 500 倍液等药剂喷药防治，每隔 7～10 d 喷 1 次药，连喷 2～3 次即可。休眠期或发芽前，也可喷石硫合剂，均可减少其他病虫害的发生。注意结果期不适合药剂防治。

五、采收与加工

夏、秋季采收成熟果实，除去果肉及核壳，取出种子，干燥。

六、功效

欧李果实颜色有红色、黄色、紫色，鲜艳诱人，果味鲜美可口，其所含的钙是天然活性钙（每 100 g 果肉中含钙 360 mg），易吸收，利用率高，是老人、儿童补钙的最好果品，历史上曾被作为贡品供给皇室享用。

欧李以种仁入药，性平，味辛、苦，具有清热、利水之功效，能润肠通便、利尿消肿，用于大便秘结、小便不利、水肿。欧李的根在民间偏方中用来治疗静脉曲张和脉管炎，有较好的疗效。

红 景 天

红景天（*Rhodiola rosea*）为景天科红景天属植物。别名蔷薇红景天、扫罗玛布尔。

一、形态特征

多年生草本植物。根粗壮，直立。根颈短，先端被鳞片。花茎高20～30 cm。叶疏生，长圆形至椭圆状倒披针形或长圆状宽卵形，长7～35 mm，宽5～18 mm，先端急尖或渐尖，全缘或上部有少数牙齿，基部稍抱茎。花序伞房状，密集多花，长2 cm，宽3～6 cm；雌雄异株；萼片4，披针状线形，长1 mm，钝；花瓣4，黄绿色，线状倒披针形或长圆形，长3 mm，钝；雄花中雄蕊8，较花瓣长；鳞片4，长圆形，长1～1.5 mm，宽0.6 mm，上部稍狭，先端有齿状微缺；雌花中心皮4，花柱外弯。蓇葖果披针形或线状披针形，直立，长6～8 mm，喙长1 mm；种子披针形，长2 mm，一侧有狭翅。花期4～6月，果期7～9月。

二、产地

分布于中国新疆、西藏、甘肃、青海、宁夏、山西、河北、吉林等地，在欧洲北部至俄罗斯、蒙古国、朝鲜、日本亦有分布。

三、生长环境

常见于海拔800～2 700 m高寒无污染地带的山坡林下或草坡上，大多分布在北半球的高寒地带。由于其生长环境恶劣，如缺氧、低温干燥、狂风、受紫外线照射、昼夜温差大，因而具有很强的生命力和特殊的适应性。

四、栽培技术

（一）选地整地

栽培地应选择在海拔800 m以上的山区，要求阳光充足，排水良好，腐殖质含量较多的壤土或沙壤土，土壤 pH 为中性或偏酸性。育苗地应选择光照充足、排水好、腐殖质含量多的沙壤土。重黏土、盐碱地及低洼积水地不宜栽培。林间空地种植红景天，应选择树龄小于 5 年的林地或郁闭度小于 40% 的林地。

选好地后，需施足底肥并进行深翻地。每亩施腐熟农家肥 2 000～2 500 kg 或商品有机肥 1 500～2 000 kg，与土壤充分混合耙匀后，深翻30～40 cm，将土块打碎，除去较大的石块、树根、杂草及其他杂物，整平耙细，再顺着坡向做成高畦，高 30 cm，宽 1.2 m，将畦面耙平、耙细，以备播种。

（二）繁殖方法

红景天主要用种子繁殖，也可以用根茎繁殖。

1. 种子繁殖

红景天可先集中育苗，然后移栽，也可以直接播种。

（1）育苗。红景天可在温室、塑料大棚育苗，也可直接在田间育苗，但必须选择土层厚、土质疏松的壤土地，整地要细致。育苗播种的时间，春秋两季均可，室外育苗宜秋播，于 9 月下旬至 10 月中旬播种。温室或塑料大棚育苗可春播，于 3 月下旬至 4 月中旬播种。播种时，畦面可不开沟，直接将床土耙细、耙平，将种子均匀地撒在畦面上，播种量一般为每平方米 2～3 g，覆土 0.2～0.3 cm，如果土壤干燥需浇一次透水，覆土要用过筛的细土再加入适量过筛的细沙。红景天种子细小，千粒重 0.13～0.15 g，适宜发芽温度 15～20 ℃，储存 1 年丧失发芽力。选成熟饱满的新种子，可用赤霉素加 ABT 生根粉浸种，能促使发芽及生根，出苗率达 70%。或者将种子集中放入干净的布袋内，将布袋放入常温水中浸泡 40～50 h，每天换水 2～4 次，浸完的种子在阴凉通风处晾去表面水分，待种子能自然散开时立即播种。播种后加强苗床管理，保持床土湿润，浇水时要用细孔喷壶或喷雾器喷水。春季床土干旱时应及时浇水保湿，幼苗出土以后，更要精心管理，浇水时要防止水流过大。幼苗初期生长缓慢，而各种杂草生长较快，要结合松土及时除去杂草，阳光过强时要适当遮阴。如遇幼苗倒伏时可向根部培少量的过筛细土或细沙。幼苗长出真叶以后，要保持充足光照，雨季注意排水，苗高 5 cm 以后要结合松土除草向根部培土，根据幼苗生长情况适当追施少量氮肥，以促进幼苗生长。

（2）移栽。幼苗生长1年后进行换床移栽。移栽时间在当年秋季地上部分枯萎之后或第2年春季返青之前。以春季移栽效果较好。春栽一般在3月下旬至4月上旬幼苗尚未萌发时进行，秋栽在9月下旬，移栽时先将幼苗全部挖出，将大小苗进行分级并分开栽植。植苗时在做好的畦面上横向开沟，行距15～20 cm，沟深要根据种栽根的长短而定，开沟后按株距10～12 cm将种苗顶芽向上直立或稍倾斜埋在沟内，覆土盖过顶芽2～3 cm，栽后稍加镇压，整平畦面。若土壤干旱要浇透水。秋季移栽时要适当增加覆土厚度，盖过顶芽3～4 cm。

（3）直播。红景天幼苗的适应性较强，因此也可直接播种，播种前应细致整地，即将土地耙平、耙细，并根据土壤墒情适时播种，以防由于土壤干旱造成出苗不全。播种的时间和方法同育苗，一般多采用条播，行距10～15 cm，开沟深度1.5～2 cm。苗期管理与育苗相同。

2. 根茎繁殖

红景天除用种子繁殖外，也可用根茎进行繁殖，成活率达90%以上，多数植株在移栽当年可以开花，新根萌发量较多，根茎的生长量也较大。

选地后要细致整地，结合翻地少量施有机肥料作为底肥，每亩施腐熟农家肥1 500～2 000 kg或商品有机肥1 000～1 500 kg。土块耙细之后做成30 cm的高畦，畦宽1.2 m。繁殖材料可用家栽的成株红景天根茎，也可以收集野生品，选取较大根茎，先剪去根茎下部较大的根，除去泥土，再将根茎剪成3～5 cm长的根茎段，然后放于阴凉通风处1～2 d，使伤口表面愈合。

春栽4～5月，秋栽9～10月，以秋栽为宜，栽时先在畦面上横向开沟，沟深10～15 cm，行距20～25 cm，株距10～15 cm，将种栽顶芽向上斜放在沟底，覆土6～10 cm厚稍加镇压，秋季栽培可适当增加覆土量，春季出苗前再及时去掉过多的覆土。用根茎繁殖的高山红景天，植株长势较好，花茎较野生的高，叶片大而厚，能正常开花结实，生长期较野生的延长30～40 d，植株根和根茎的生长量较大。

（三）栽培管理

用种子繁殖的幼苗，喜温暖湿润的气候，幼苗初期怕强光照射，因此，要经常保持土壤湿润，干旱时及时浇水，阳光过强时适当用遮阳网遮阴。

红景天在生长过程中较耐干旱，忌水涝。生长期内要严格避免田间积水，除合理选地之外，在雨季要做好排水工作。

生长期内要根据杂草生长情况进行适时松土除草，保持整个栽培地无杂草，并结合松土在根部适当培土，越冬前地上各部分枯萎后，要向根茎顶部适当增加覆土以利越冬防寒。

红景天虽然对土壤要求不严，不施肥料也能生长很好，但在有条件的地区每年秋季可每亩施用腐熟农家肥1 000～2 000 kg，苗期也可视生长情况少量追肥，一般每亩施用三元复合肥（15 - 15 - 15）10～20 kg，以促进幼苗快速生长。在开花期间，适量追施高磷高钾肥（10 - 20 - 20），促进植株地下部分生长。

（四）病虫害防治

红景天在生长过程中病虫害很少发生，虫害仅在高温干旱季节发生。部分植株会有蚜虫，主要危害嫩茎叶，可用吡虫啉进行防治。生长期间偶尔有蛴螬、蝼蛄、田鼠咬食根茎，可以用毒饵诱杀或人工捕捉。

病害在栽培过程中很少发生，偶有根腐病发生。发病初期地上部分枯萎，根和根茎表面出现褐色病斑，再扩展至全株，最后根和根茎全部烂掉。防治方法以预防为主，首先要注意栽培地的选择，应避免用发生过病害的地块，如果选用，栽植前一定要进行土壤消毒，所用的种栽也应用代森锌、多菌灵等进行消毒处理。田间有病害发生时，首先要及时除去病株，并将发病处土壤消毒，在病害发生季节及时喷浇代森锌、多菌灵预防。在采收前半个月内禁止使用各种农药。

五、采收与加工

用种子繁殖的红景天一般4～5年后采收，根茎繁殖的2～3年后采收。采收季节春秋两季均可，春季采收在植株开始返青之前，秋季采收在地上部分枯萎之后。采收时要先割去地上茎叶，将根挖出，去掉泥土，用水冲洗干净，晒干或在60～70 ℃条件下烘干，将根茎整顺理直，顶部对齐，捆成小把。由于根和根茎质脆，极易折断，采挖时要细心。

六、功效

红景天以全草入药，性寒，味甘、涩，归肺、心经，具有补气清肺、益智养心、收涩止血、散瘀消肿、通脉平喘的功效，主治气虚体弱、病后畏寒、气短乏力、肺热咳嗽、咯血、白带、腹泻、跌打损伤、胸痹心痛、中风偏瘫、倦怠气喘等。

紫 苏

紫苏（*Perilla frutescens*）为唇形科紫苏属植物。别名桂荏、白苏、赤苏、红苏、黑苏、白紫苏、青苏、苏麻、水升麻。

一、形态特征

一年生直立草本植物，株高 30～200 cm，有特殊芳香。茎直立，绿色或紫色，钝四棱形，具四槽，多分枝，密被紫色或白色长柔毛。根系发达。叶对生有长柄，叶柄长度为 5 cm 左右，叶阔卵形或圆形，长 7～13 cm，宽 4.5～10 cm，先端短尖或突尖，基部圆形或阔楔形，边缘在基部以上有粗锯齿，膜质或草质，两面绿色或紫色，或仅下面紫色，上面被疏柔毛，下面被贴生柔毛，侧脉 7～8 对，位于下部者稍靠近，斜上升，与中脉在上面微突起，下面明显突起，色稍淡；叶柄长 3～5 cm，背腹扁平，密被长柔毛。轮伞花序 2 花，组成长 1.5～15 cm、密被长柔毛、偏向一侧的顶生及腋生总状花序；苞片宽卵圆形或近圆形，长约 4 mm，先端具短尖，外被红褐色腺点，无毛，边缘膜质；花梗长 1.5 mm，密被柔毛。花萼钟形，10 脉，长约 3 mm，直伸，下部被长柔毛，夹有黄色腺点，内面喉部有疏柔毛环，结果时增大，长至 1.1 cm，平伸或下垂，基部一边肿胀，萼檐二唇形，上唇宽大，3 齿，中齿较小，下唇比上唇稍长，2 齿，齿披针形。花冠白色至紫红色，长 3～4 mm，外面略被微柔毛，内面在下唇片基部略被微柔毛，冠筒短，长 2～2.5 mm，喉部斜钟形，冠檐近二唇形，上唇微缺，下唇 3 裂，中裂片较大，侧裂片与上唇相近似。雄蕊 4，几不伸出，前对稍长，离生，插生喉部，花丝扁平，花药 2 室，室平行，其后略叉开或极叉开；雌蕊 1，子房 4 裂，花柱基底着生，柱头 2 室；花盘在前边膨大；柱头 2 裂。果萼长约 10 mm。花柱先端相等 2 浅裂。花盘前方呈指状膨大。小坚果近球形，灰褐色，直径约 1.5 mm，具网纹。花期 6～7 月，果期 7～9 月。

二、产地

紫苏原产于中国，在我国华北、华中、华南、西南及中国台湾省均有野生种和栽培种。在国外分布于不丹、印度、中南半岛、印度尼西亚（爪哇）、日本、朝鲜等地。

三、生长环境

紫苏适应性强，对土壤要求不严，在排水较好的沙质壤土、壤土上均能良好生长，在稍黏的土壤也能生长，但生长发育较差。适宜土壤pH 6.0~6.5。较耐高温，生长适宜温度为25 ℃，但高温伴随干旱时对植株生长影响较大。开花期适宜温度21.3~23.4 ℃。

四、栽培技术

（一）选地整地

育苗地选土壤疏松、肥沃、排水良好的沙质壤土和灌溉方便的地块。播前先翻耕土壤，充分整平耙细，结合整地每亩施入腐熟农家肥1 500~2 500 kg作为基肥，然后做成宽1.1~1.3 m的高畦播种。移栽地选择阳光充足、排水良好、疏松、肥沃的地块。移栽前，先翻耕土壤，深15~20 cm，打碎土块，整平耙细，做成宽1.1~1.3 m的高畦，四周挖好排水沟。

（二）播种与育苗

1. 直播

以清明前后播种为适期。在整好的栽植地上，按行距25~30 cm、株距25 cm挖穴，按每公顷4.5 kg的播种量，将种子拌草木灰与人粪尿，混合均匀，撒入穴内少许。播后覆盖细肥土以不见种子为宜，保持土壤湿润，10~15 d即可出苗。5月中旬，苗高5~7 cm时进行间苗，每穴留壮苗2~3株。其他管理方法同育苗。

2. 育苗

于清明前后适时播种，在整平耙细的畦面上，按行距15~20 cm横向开浅沟条播，播时将种子与草木灰拌均匀，撒入沟内，覆盖细土，以不见种子为宜。最后畦面盖草，保温保湿，10~15 d即可出苗。出苗后揭去盖草，进行中耕除草和追肥。苗高5 cm进行间苗，拔除密苗和弱苗，保持株距 3～5 cm。间苗后每公顷再追施稀薄人粪水 22 500 kg；当苗高 7～9 cm 时，结合定苗，每公顷再追施人畜粪水 22 500 kg；当苗高 10～15 cm，长有 4 对真叶时即可移栽。每公顷用种子量 15 kg 左右。种子充足时，也可撒播。

3. 留种与采种

选生长健壮、叶片两面均呈紫色、无病虫害的植株，作为采种母株。在田间增施磷、钾肥，促其多结果和籽粒饱满充实。于 9 月下旬至 10 月中旬，当果穗下部有 2/3 的果萼变褐色时，及时将成熟的果穗剪下，晒干，脱粒，簸净，储藏备用。

（三）移栽

春季育苗，于 5 月中下旬移栽，最迟不超过 6 月底。移栽选阴天进行。土壤干旱时，要于移栽的头天，先将苗床浇透水，使土壤湿润，以便将幼苗根部完整地挖取，以利于成活。栽时，按行株距 30 cm×25 cm 挖穴，深 10 cm 左右，穴底挖松整平，先施入适量的草木灰，与底土拌匀。然后每穴栽入壮苗 2～3 株，使根系舒展，栽后覆土压紧，最后浇 1 次定根水。

（四）田间管理

1. 中耕除草及追肥

移栽成活后于 7 d 内进行 1 次松土除草，同时每公顷追施人畜粪水 15 000 kg；第 2 次于植株封行前，结合中耕，每公顷追施人畜粪水 30 000 kg。

直播的于间苗、定苗和封行前各进行 1 次中耕除草和追肥。间苗时每公顷施入稀薄人畜粪水 15 000 kg；定苗时每公顷施人畜粪水 22 500 kg；封行前每公顷施稍浓的人畜粪水 30 000 kg。

2. 排灌水

播后或移栽后，若遇干旱天气，应注意及时浇水保苗。雨季及灌大水后，及时清沟排除余水，防止烂根。

3. 病虫害防治

紫苏主要病害有白粉病和锈病，主要害虫有小地老虎、蚜虫等。

白粉病可用 4% 农抗 120 水剂 200 倍液或 50% 春雷·王铜可湿性粉剂 800 倍液喷雾防治。

锈病可用 25% 三唑酮可湿性粉剂 1 000 倍液或 50% 代森锰锌可湿

性粉剂 600 倍液交替喷雾防治。

小地老虎防治方法：冬季清园，减少虫源；播种或定植前几天，放水浸泡 48 h；辅以人工捕杀等措施，并于危害期间用敌敌畏、敌百虫等灌根、喷雾，或将切碎的青菜叶拌药撒根际诱杀。

蚜虫宜于发生初期用 50% 辟蚜雾可湿性粉剂 1 000 倍液喷雾防治。用药防治时，应注意安全间隔期。

五、采收与加工

以采收嫩叶食用者，可随时采收或分批收割。紫苏成品叶采收标准宜为宽 12 cm 以上的完整、无病斑叶片。一般始采期为 5 月下旬至 6 月初，在植株具 4~5 对真叶时采收。采收盛期每 3~4 d 采收 1 对叶，其他时期每 6~7 d 采收 1 对叶，可持续采收 100 d。每株平均可采收 20~22 对成品叶，每亩成品叶产量 1 250 kg。

采收种子者，应及时采收，防止种子自然脱粒，宜在 40%~50% 的种子成熟时一次性收割，晾晒 3~4 d 后脱粒。每亩种子产量可达 50 kg。

以采收药材为目的者，分苏叶和苏梗 2 种。

苏叶宜在夏、秋季节采收叶或带叶小枝，阴干后收储入药；采收时应选择晴天收割，香气足，质量好。亦可在秋季割取全株，先挂在通风处阴干，再取叶入药。苏叶以叶大、色紫、不碎、香气浓、无枝梗者为好。

苏梗分为嫩苏梗和老苏梗，6~9 月采收嫩苏梗，9 月与紫苏籽同时采收者为老苏梗。采收苏梗时，应除去小枝、叶和果实，取主茎，晒干或切片后晒干。苏梗以外皮紫棕色、分枝少、香气浓者为好。

六、功效

紫苏味辛、温，归肺、脾经，入药部分以茎叶及籽实为主。叶具有发汗、镇咳、健胃利尿、解表散寒、镇痛、镇静、解毒的功效，治感冒、咳嗽、胸腹胀痛、因鱼蟹中毒之腹痛呕吐者有卓效。种子称苏子，有镇咳平喘、祛痰的功效，主治咳嗽、痰多、胸闷气喘等。茎秆称苏梗，有顺气、安胎、发散风寒的功效，主治胸闷气胀、胎动不安和外感风寒等。

当　归

当归（*Angelica sinensis*）为伞形科当归属植物。别名干归、文无、秦归、云归、西归、岷归。

一、形态特征

多年生草本，高 0.4～1 m。根圆柱状，分枝，有多数肉质须根，黄棕色，有浓郁香气。茎直立，绿白色或带紫色，有纵深沟纹，光滑无毛。叶三出式二至三回羽状分裂，叶柄长 3～11 cm，基部膨大成管状的薄膜质鞘，紫色或绿色，基生叶及茎下部叶轮廓为卵形，长 8～18 cm，宽 15～20 cm，小叶片 3 对，下部的 1 对小叶柄长 0.5～1.5 cm，近顶端的 1 对无柄，末回裂片卵形或卵状披针形，长 1～2 cm，宽 5～15 mm，2～3 浅裂，边缘有缺刻状锯齿，齿端有尖头；叶下表面及边缘被稀疏的乳头状白色细毛；茎上部叶简化成囊状的鞘和羽状分裂的叶片。复伞形花序，花序梗长 4～7 cm，密被细柔毛；伞辐 9～30；总苞片 2，线形，或无；小伞形花序有花 13～36；小总苞片 2～4，线形；花白色，花柄密被细柔毛；萼齿 5，卵形；花瓣长卵形，顶端狭尖，内折；花柱短，花柱基圆锥形。果实椭圆至卵形，长 4～6 mm，宽 3～4 mm，背棱线形，隆起，侧棱成宽而薄的翅，与果体等宽或略宽，翅边缘淡紫色，棱槽内有油管 1，合生面油管 2。花期 6～7 月，果期 7～9 月。

二、产地

当归主产于甘肃、陕西、青海、四川、湖北、云南等地。其中以甘肃岷县所产的岷归产量最大、质量最佳。

三、生长环境

当归原产于高山地区，对温度和水分要求比较严格。喜气候凉爽和湿润环境，怕高温酷热，适合在海拔 1 500～3 000 m 的高寒山区生长。

怕旱怕涝，土壤含水量在 25％左右最适合当归生长，但土壤水分不宜超过 40％，否则易患根腐病。当归属低温长日照植物，在生长发育过程中，由营养生长转向生殖生长时，需通过 0 ℃左右的低温阶段和 12 h 以上的长日照阶段。幼苗期喜阴，忌阳光直射，要用草覆盖，覆盖度以 80％～90％为宜，以后逐年增加透光度，有利于根系发育。

四、栽培技术

（一）选地与整地

当归育苗地宜选择阴凉潮湿的生荒地或熟地，高山选半阴半阳坡，土壤以肥沃疏松、富含腐殖质的中性或微酸性沙壤土为宜。移栽地应选微酸性至中性、土层深厚、疏松肥沃、腐殖质含量高、排水良好的荒地或休闲地。忌连作，前作以玉米、小麦、油菜、苦荞为宜，不宜选用前作是马铃薯和豆类的地块，轮作期 2～3 年。地块选好后，每亩施腐熟农家肥 2 500～3 000 kg 或商品有机肥 1 500～2 000 kg 作为基肥，随后深翻 30～35 cm，耙细，做成高畦（顺坡）或高垄，畦宽 150～200 cm，高 25～30 cm，畦间距离 30～40 cm；垄宽 40～50 cm，高 25～30 cm。

由于当归喜阴忌阳光直射，因此非常适合在林间空地进行种植，林地的郁闭度在 80％～90％为宜。

（二）繁殖方法

当归种植一般采用种子繁殖。

1. 采种、选种与催芽

当归栽培 3 年后于 8 月中旬果实成熟。播种用应选择适度成熟的种子，即呈粉白色时采收的种子。老熟种子较饱满，播后生长旺盛，含糖高、易抽薹，所以不宜选用。为了使当归种子播种后发芽快、出苗齐，播种前将种子浸入 30 ℃的水中 24 h 进行催芽处理。

2. 播种育苗

目前在当归生产上，根据播种时间的不同直播栽培又可分为春直播、秋直播和冬直播三种。

秋直播最常用，比其他季节直播具有更长的生长期而又保持了直播栽培的优点，即不早抽薹、栽培技术简单、成本低等。在气温低的高海拔地区，宜于 7 月下旬至 8 月上旬播种，在气温稍高的低海拔地区宜于 8 月中旬至 9 月上旬播种。直播分条播和穴播，以穴播为好，按穴距

27～30 cm，"品"字形挖穴，深3～5 cm，穴底整平，每穴播入种子10粒，摆成放射状。稍加压紧后，覆盖细肥土，厚1～2 cm，最后耧平畦面，上盖落叶，以利保湿。条播即在整好的畦面上横向开沟，沟深3～5 cm，沟距15～30 cm。种子疏散均匀地撒在沟内。每亩播种量4～5 kg。苗高10 cm时即可定苗，穴播的每穴留1～2株，株间距5 cm左右；条播的按20 cm株距定苗。

春直播是在当年早春播种，冬前收获的一种栽培方式。由于它是当年种，当年收，不经过冬季，无法满足春化阶段对低温的要求，所以不会早期抽薹。又因春直播生长期太短，所以产量较低，但在较好的栽培条件下，也可获得较高产量。

冬直播就是在冬前将种子播下，使种子在土中越冬，次年秋末收获。由于越冬期间，种子尚处于未萌动的状态，不能接受冬季低温而通过春化阶段，故也能防止早期抽薹。冬直播是在冬季播种，春季出苗早，生长期较长，在保苗较好的情况下，产量要高于春直播。春直播与冬直播的栽培技术，除播种期不同外，其余都与秋直播大体相同。

（三）移栽

为了降低抽薹率，对栽种用的苗必须进行严格的挑选。一般选择根部完整、直径3～5 mm、生长均匀健壮、无病无伤、杈根少、表皮光滑的小苗备用（苗龄90～110 d，百根鲜重40～70 g）。直径2 mm以下的过细苗和直径6 mm以上的大苗，尽量慎用。

冬栽在立秋后至封冻前进行，春栽在清明前后，外界气温15 ℃左右时为宜。当归一般移栽后20～30 d出苗，苗齐后应加强田间管理，及时查苗补苗。当苗高5～6 cm时结合田间锄草进行间苗，除去弱苗和病苗，及时定苗。

移栽有平栽、垄栽2种方式。平栽分穴栽和沟栽。穴栽挖穴深18～22 cm，直径12～15 cm，每穴栽1～2株，苗子分开，覆土厚1.15～2 cm；沟栽按横向开沟，沟距40 cm，沟深15 cm，株距15 cm，压实，覆土1～2 cm厚。垄栽起垄高23 cm左右，垄距20 cm，在垄上挖穴，穴距25～27 cm，每穴栽1～2株，也可采用单垄双行。

（四）栽培管理

1. 中耕除草

播种后的苗床必须保持湿润，同时盖草保墒。当归出苗初期生长缓慢，而杂草生长迅速。在苗出齐后到封垄前进行 3～4 次中耕除草。除草应掌握"中间深两头浅"的原则，即幼苗小时和立秋后均不宜深锄。如第 1 次在齐苗后苗高 5 cm 时除草，浅耕浅锄；第 2 次在苗高 10～15 cm 时除草，适当深锄；第 3 次在苗高 25～30 cm 时结合中耕除草。当归生长到中后期，根系开始发育，生长迅速。此时培土，可促进当归植株的发育，有助于提高产量和质量，培土可结合松土进行。

2. 追肥

当归幼苗期不可多追施氮肥，以免旺长，早抽薹开花。6 月下旬至 8 月上旬每亩施用三元复合肥（15 - 15 - 15）15～20 kg。中后期结合中耕除草每亩追施高磷高钾复合肥（10 - 20 - 20）20～25 kg。

3. 灌排水

当归生长前期要少浇水，土壤干旱时适量浇水，以保持土壤湿润为好，忌用大水灌溉，后期田间不能积水。雨水过多要及时排出积水，防止引起根腐病造成烂根导致植株死亡。

4. 打老叶、摘花薹

当归生长封垄后，下部老叶因遮光而发黄，此时摘除茎下部老叶既避免不必要的养分消耗，又能通风透气。早期抽薹的植株，根部逐渐木质化，成为柴根，失去药用价值。这种植株生活力强，消耗水肥多，要及时全部拔除，以免消耗地力，影响未抽薹植株的生长。

5. 抽薹的防控

当归抽薹开花后，肉质根渐渐木质化并空心，失去药用价值。影响当归早期抽薹率的因素很多，如种子的遗传性、种子的成熟度、播种密度、移栽苗大小、气候条件、土壤肥力等均会影响当归的早期抽薹率。控制当归早期抽薹应采取综合的防控方法，首先要根据当归提前抽薹的原因，采取针对性措施加以控制。一是对春化阶段的控制，主要是控制储苗期间的温度条件；二是从营养条件入手，控制苗子的大小等；三是化学调控，采用适宜浓度的多效唑、矮壮素、青鲜素等生长抑制剂单独或混合喷洒叶面，可有效控制早期抽薹。此外，为提高苗子质量降低早期抽薹率，必须在现行的 3 年生采种田采种，选择种子成熟度适中、均一的种子作为播种材料。土壤干燥有利于早期抽薹开花，所以在育苗期间要注意遮阴，或选择背阴的坡面。

五、加工方法

当归采挖后不能堆放，应及时除去残留的叶柄，去掉病虫根，将泥土洗净，于干燥通风处摊开晾晒，晾2～3 d，至根系变软时将根理顺扎成小把，头朝下挂在熏棚内炕架上，用树枝或枯草作为燃料，并用水洒湿，点燃冒出烟雾熏烘（忌用明火），使当归上色，至表皮呈金黄色或淡褐色后，再用文火熏烤烘干。熏时室内要通风，并经常翻动，使色泽均匀，烘干后搓去毛须，修去过细的尾根，即成药材。

六、功效

当归以根入药，味甘、辛，性温，归肝、心经，具有补血和血、调经止痛、润燥滑肠之功效，主治血虚萎黄、眩晕心悸、月经不调、经闭腹痛、崩漏、血虚头痛、肠燥便秘、痈疽疮疡、风湿痹痛、跌扑损伤、子宫出血、贫血。

升　麻

升麻（*Actaea cimicifuga*）为毛茛科升麻属植物。别名龙眼根、
窟窿牙根、周升麻、周麻、鸡骨升麻、鬼脸升麻、绿升麻、苦力芽
根、苦龙芽。

一、形态特征

升麻为多年生草本。根状茎粗壮，为不规则块状，坚实，表面黑
色，多分枝，呈结节状，有许多内陷的圆洞状老茎残迹，须根多而细。
茎直立，高 1～2 m，基部粗 1.4 cm，微具槽，分枝，被短柔毛。叶为
二至三回三出羽状复叶；茎下部的叶片三角形，宽 30 cm；顶生小叶具
长柄，菱形或卵形，长 7～10 cm，宽 4～7 cm，有浅裂，具不规则锯
齿，侧生小叶具短柄或无柄，斜卵形，比顶生小叶略小，表面无毛，背
面沿脉疏被白色柔毛；叶柄长 15 cm。上部的茎生叶较小，具短柄或无
柄。花序具分枝 3～20 条，长 45 cm，下部的分枝长 15 cm；轴密被灰色
或锈色的腺毛及短毛；苞片钻形，比花梗短；花两性；萼片倒卵状圆
形，白色或绿白色，长 3～4 mm；退化雄蕊宽椭圆形，长约 3 mm，顶
端微凹或 2 浅裂，几膜质；雄蕊多数，长 4～7 mm，花药黄色或黄白
色；心皮 2～5，密被灰色毛，无柄或有极短的柄。蓇葖果长圆形，长
8～14 mm，宽 2.5～5 mm，密被灰色柔毛，基部渐狭成长 2～3 mm 的
柄，顶端有短喙。种子椭圆形，褐色，长 2.5～3 mm，有横向的膜质鳞
翅，四周有鳞翅。花期 7～9 月，果期 8～10 月。

二、产地

升麻在我国多地均有分布，其中川升麻主产于陕西洛南、西安，四
川西昌、都江堰，青海互助、湟中。此外，云南、甘肃、河南、湖北也
产。北升麻主产于黑龙江及河北承德、张家口，山西大同，内蒙古集
宁、凉城。关升麻主产于辽宁本溪、铁岭、丹东凤城，吉林永吉、桦甸
以及黑龙江等地。蒙古国和俄罗斯西伯利亚地区也有分布。

三、生长环境

升麻一般生于海拔 500～2 000 m 的阴坡、山地林缘、林中或路旁草丛中。升麻喜温暖湿润气候。耐寒，当年幼苗在 -25 ℃低温下能安全越冬。幼苗期怕强光直射，怕涝，忌土壤干旱，喜微酸性或中性的腐殖土，在碱性地或重黏土中生长不良。

四、栽培技术

（一）选地整地与施肥

升麻在林下进行人工栽培，要选择土层深厚、排水良好、沙质壤土或富含有机质的土壤，pH6.5～7.5。林木郁闭度 30％～65％，株行距为（3～4）m×（3～5）m，每亩种植 33～74 棵，5 年内没有种植过升麻。海拔低于 1 500 m，坡度 0°～10°。

起垄前每亩施有机肥 2 000～2 500 kg［有机肥原料重量比例：40％鸡粪、15％牛粪、43％秸秆、1％农用稀土、1％的硫黄粉（pH>8.0 的碱性土壤应用，pH<7 的土壤可不应用）。有机肥的制备方法：先将物料混合，每吨物料加入纤维素降解菌剂 1 kg，均匀洒水，使物料含水量为 55％～65％，堆成条垛式，进行好氧发酵，发酵的温度为 55～70 ℃，发酵 10～15 d 后进行翻堆，直到堆体温度不超过 30 ℃即为发酵完成（方可施用）］，随后进行深翻，翻耕深度 20～30 cm。采用大垄高床种植，垄边缘避免在树冠投影处，顺着坡度由高向低起垄，垄宽 100～140 cm，长度根据地块条件而定，床高 15～20 cm，床间距 30～40 cm。垄端设 30～35 cm 深的排水沟。

（二）繁殖技术

1. 种子直播

春秋两季均可，以秋季为宜。0～20 cm 土壤温度在 15～19 ℃时，播种前 2 d，垄面浇透水，播种时在垄面上按行距 25～30 cm 顺垄开沟，沟深 3～5 cm，把种子按照 25～30 cm 株距均匀地点播在沟内，盖细土 1.5～2 cm 厚，镇压，浇水，垄面盖一层 3～5 cm 厚秸秆（秸秆最好进行粗粉碎）保湿（或在播种点插一次性筷子作为标记后，覆盖可降解黑色地膜，10～15 d 后将标记处的筷子孔洞扩大，以便种苗萌芽）。每亩播种量为 1.5～2.5 kg。种子宜选用当年采收的种子。出苗后，苗高5～

8 cm 进行间苗,每穴留 1 株。

2. 育苗移栽

移栽选用 2 年苗,在秋季进行移栽,时间控制在植株枯萎后到土壤上冻前。在整好的垄面上按行距 30～35 cm、株距 25～30 cm 开穴,穴深 10～15 cm,每穴栽苗 1 株,覆土 3～4 cm 厚,随后浇透水。垄面盖一层 10～15 cm 厚秸秆保湿保温。

3. 种根移栽

可选用 4 年生以上野生升麻种根或人工繁育 3 年种根,在整好的垄面上按株距 35～40 cm、行距 35～40 cm 开穴,穴深 15～20 cm,每穴栽 1 个种根芽头,覆土盖住顶芽 4～5 cm,栽后浇透水。垄面盖一层 10～15 cm 厚秸秆(或在种苗播种点插一次性筷子作为标记后,覆盖可降解黑色地膜,春季将标记处的筷子孔洞扩大,以便种苗萌芽)。

(三)田间管理

1. 中耕除草

春季气候干燥时要淋水保温,生长期经常松土除草,松土宜浅,控制在 2～3 cm,以防损伤根茎。

2. 追肥

每年春节采收芽菜后,在两行中间开 10～15 cm 深、10～15 cm 宽的施肥沟,每亩施用有机肥 1 000～1 500 kg。6～7 月,根据幼苗生长情况在垄面中间开沟条施高氮高钾复合肥(20 - 10 - 20),每亩用量为 15～25 kg。秋季植株干枯后,在垄面上铺 5～8 cm 厚腐熟牛粪,作为基肥及保温,以利于来年返青。第 3 年以后,每年 6～7 月在垄面中间开沟,每亩条施高氮高钾复合肥(20 - 10 - 20)30～50 kg,秋季植株干枯后,在垄面上铺 5～8 cm 厚的腐熟牛粪与秸秆(秸秆宜进行粉碎)1：1 混合物。

3. 灌水与排水

若遇干旱要及时浇水,保持土壤湿润,雨季应注意及时排水防涝,以免烂根死苗,降低产量和品质;采收嫩茎的地块,采收完应在伤口愈合后再进行浇水。

4. 其他管理

2 年生升麻,花蕾初期剪去全部花序,促进根茎生长。根据土壤墒情适时浇水,土壤含水量低于 18% 时要进行浇水,一次性浇透。雨季及时排水防涝，以免烂根死苗。春季升麻嫩芽出土前，利用上年板栗落叶和板栗壳与土壤按照 1∶1 的比例进行混配，用于垄床培土，培土高度 3～5 cm，培土 2～3 次，促进地下部分生长。7～8 月雨季到来前培土 3～5 cm。

5. 病虫害防治

升麻病虫害较少，主要是灰斑病，一般发生在 7～9 月。发病前喷波尔多液预防，间隔 0.5～1 个月，连续喷施 2～3 次；发病初期用 65％代森锰锌 500 倍液防治。

其次是立枯病，移栽时小苗用 50％福美双 400～600 倍液浸泡 30 min，然后栽植；发病时，应及时拔除病株，并对病穴用 50％多菌灵 500 倍液进行灭菌。

6. 采收

春季升麻芽苗长至 15～20 cm 时进行采收，春季采收两次，采收后每亩及时追施三元复合肥（15-15-15）20 kg，或有机肥 500 kg。芽苗采收完待伤口愈合后再进行浇水。种植 3 年及以上的升麻即可采收，采收时间宜在秋季晴天进行。

五、加工方法

升麻根茎挖出后，去净秧茬，去掉泥土，洗净，放场子上晾晒，晒 1～2 d，待周身须毛晒干后用火燎净全身须毛，要注意火候。如果燎大了成炭，燎小了毛须子去不掉，不好加工。

火燎的方法：在地上挖个坑，两边垒上墙，上面排放铁条或铁箅子，箅子上面放升麻，底下烧火，边燎边翻个，燎过的检查一下，将个别没燎净毛须的挑出来再燎净。

将燎完的升麻及时晾晒，晒至三四成干撞头遍，撞去黑皮，再放席上晒至六七成干撞第 2 遍，呈黑红色，晒至十成干撞第 3 遍，使体形光滑呈黑棕色。

六、功效

升麻以干燥根茎入药，性寒，味辛、苦、甘，归脾、胃经，具有发表透疹、清热泻火、解毒、升举阳气之功效，常用于治疗邪郁肌表，痘疹和麻疹初期或疹出不畅，胃火上犯引起的头痛和牙痛、口舌生疮，气虚下陷引起的久泻、脱肛、子宫下垂、牙痛等疾患。升麻的主要化学成分为升麻苦味素、升麻碱、升麻醇、水杨酸、鞣质、咖啡酸、阿魏酸等。升麻苦味素有较好的解热、镇痛和降压作用；升麻碱和水杨酸有抑菌作用。此外，升麻春季的芽菜是一种名贵的山野菜，口味独特，同样具有清热泻火、解毒之功效。

防　风

防风（*Saposhnikovia divaricata*）为伞形科防风属植物。别名关防风、东防风、哲里根呢、铜芸、回云、回草、百枝、百种。

一、形态特征

多年生草本，主根肥大，呈圆锥状，无侧根或有少数侧根，垂直生长，外皮黄褐色，根头部有密集的细环纹。茎单生，株高 30～100 cm，自基部分枝较多，斜上升，与主茎近于等长，有细棱，基生叶丛生，有扁长的叶柄，基部有宽叶鞘。叶片卵形或长圆形，长 14～35 cm，宽 6～18 cm，二回或近于三回羽状分裂，第一回裂片卵形或长圆形，有柄，长 5～8 cm，第二回裂片下部具短柄，末回裂片狭楔形，长 2.5～5 cm，宽 1～2.5 cm。茎生叶与基生叶相似，但较小，顶生叶简化，有宽叶鞘。复伞形花序多数，生于茎和分枝上，顶端花序梗长 2～5 cm；伞辐 5～7，长 3～5 cm，无毛；小伞形花序有花 4～10；无总苞片；小总苞片 4～6，线形或披针形，先端长，长约 3 mm，萼齿短三角形；花瓣倒卵形，白色，长约 1.5 mm，无毛，先端微凹，具内折小舌片。双悬果狭圆形或椭圆形，背稍扁，长 4～5 mm，宽 2～3 mm，幼果有海绵质瘤状突起，成熟时渐平滑；每棱槽内通常有油管 1，合生面油管 2；胚乳腹面平坦。花期 8～9 月，果期 9～10 月。

二、产地

产于黑龙江、吉林、辽宁、内蒙古、河北、宁夏、甘肃、陕西、山西、山东等地，主产于东北及内蒙古东部。朝鲜、蒙古国及俄罗斯西伯利亚东部亦有分布。

三、生长环境

防风耐寒、耐干旱，忌过湿和雨涝，适合在地势高、夏季凉爽的地方种植。其对土壤要求不十分严格，以疏松、肥沃、土层深厚、排水良好的沙质壤土最适宜。防风种子萌发的适宜温度为 19～28 ℃，最适温度为 25 ℃。种子在 20 ℃以上时 1 周左右出苗，在 15～17 ℃时 3～4 周出苗。生长适温 20～25 ℃，在－40 ℃条件下能安全过冬。但怕高温，夏季持续高温对植株生长发育不利，易引起苗枯。土壤过湿或雨涝，易导致防风根部和基生叶腐烂，所以一般只要土壤不干旱就不用进行灌溉。野生防风常见于干旱草原、山坡草丛、低湿草甸、丘陵、林源以及山坡或田边、路旁。

四、栽培技术

（一）选地与整地

防风种植地块应选择地势高燥、向阳、土质疏松肥沃、土层深厚、排水良好的沙质壤土。我国北方及长江流域地区均可种植。林间种植防风，应选择树龄小于 4 年的林地，或郁闭度小于 20％的林地。黏土地、涝洼地、酸性大或重盐碱地不宜栽种。防风为深根作物，根长 50～70 cm，秋天应对种植防风地块深耕 35～40 cm，深耕前施足基肥，每亩施用腐熟农家肥 3 000～4 000 kg 或商品有机肥 1 500～2 000 kg，通过深耕使肥料均匀分散于土壤中。早春整平耙细，清除根茬和杂物碎石，做成 1.3～1.7 m 宽的平畦，为防风生长创造良好的基础条件。

（二）繁殖方法

防风可用种子繁殖和分根繁殖，以种子繁殖为主。

1. 种子繁殖

（1）采种与种子催芽。种子繁殖在春、秋两季均可进行。秋季选无病虫害的粗壮根栽种，翌年 8～9 月采收成熟种子，置阴凉处后熟 5～7 d 脱粒，晾干储存。春播在 3 月末到 4 月中旬进行，秋播在 9～10 月进行。播前将种子用 35 ℃温水浸泡 12～24 h 使种子充分吸水，以利发芽，捞出浮在水面上的瘪籽与杂质，将沉底饱满种子取出稍晾干后，放室内保持一定温度，种子开始萌芽时播种。

（2）播种方法。在整好的畦面上按行距 30～40 cm 开沟，沟深 2～3 cm，然后将种子均匀播入沟内，每亩种子用量为 2～3 kg。覆土盖平，稍镇压，以秸秆覆盖并浇水保持土壤湿度，20 d 左右可出苗。出苗后要加强田间管理，苗高 3～5 cm 时进行间苗，间去弱苗，保持苗距 2～3 cm；当苗高 10 cm 左右时进行定苗，苗距 10～15 cm。

（3）移栽定植。于春季 3～4 月幼苗返青前，按行距 15～20 cm 横向开沟，沟深 10～15 cm，按株距 8～10 cm 移栽。也可穴栽，穴距 10～20 cm，每穴栽 2 株。栽后覆土压实，浇水定根，提高栽植成活率。

2. 分根繁殖

在防风收获时，选取两年以上、生长健壮、粗 0.7 cm 以上、无病虫害的根条，截成 3～5 cm 长的小段做种。按行距 30～50 cm、株距 10～15 cm 开穴栽种，穴深 6～7 cm，每穴栽 1 个根段，栽后覆土 3～5 cm 厚；或者于冬季将种根按 10 cm×15 cm 的行株距育苗，待翌年早春有 1～2 片叶时定植。定植时，应注意剔除未萌芽的种根。每亩用种根 40～50 kg。

（三）栽培管理

1. 中耕除草

防风生长期 1 年中耕除草 2～3 次，定苗后进行第 1 次除草，夏秋季结合杂草生长需及时除草 2～3 次保苗，第 1 年中耕宜浅不宜深，同时进行培土保护根部。

2. 追肥

定苗后追肥，每亩追施高氮高钾复合肥（20 - 10 - 20）10～20 kg。在 5 月中旬每亩追施三元复合肥（15 - 15 - 15）10～15 kg，秋季每亩施用腐熟农家肥 2 000～3 000 kg。

3. 排灌水

干旱时，浇水。防风最忌积水，雨季发生洪涝和积水要及时排涝防涝并随后进行中耕，保持土表有良好的通透性，以利根系生长，以免烂根引起植株死亡。

4. 打花薹

防风种植第 2 年，在 6～7 月抽薹开花时，除留种外，发现花薹时应及时将其摘除，避免开花消耗养分而影响根部发育。

5. 病虫害防治

（1）病害防治。防风在 8～9 月常发生危害叶片的斑枯病和白粉病。感染斑枯病的叶片两面产生圆形或近圆形褐色病斑。后期病斑上产生小黑点，干燥时病斑破裂穿孔，严重时整株枯萎。防治方法：合理密植，注意通风透气；科学肥水管理，提高植株抗病力；入冬前清洁田园，清除病残体，集中处理，减少菌源；发病初期可摘除病叶，喷洒

1：1：100 的波尔多液，或 50％多菌灵可湿性粉剂 500 倍液，或 75％百菌清可湿性粉剂 600 倍液，或 70％代森锰锌可湿性粉剂 800 倍液等药剂，视病情喷 2～3 次，间隔 7～10 d，以防感染扩大。

感染白粉病的叶片两面呈白粉状斑（病原菌的分生孢子），后期逐渐长成小黑点，严重时使叶片早期脱落，影响产量。防治方法：冬季前彻底清除病残体，集中处理，并用生石灰消毒病株穴土；发病初期喷洒 50％多菌灵 500 倍液或 50％甲基硫菌灵 800～1 000 倍液防治，视病情喷 2～3 次，间隔 10～15 d。

此外在高温多雨季节，防风易发生根腐病，染病根部腐烂，严重时叶片枯萎，病株枯死。防治方法：发病初期，及时拔除病株，并撒石灰粉消毒病穴；雨季田间遇涝积水应及时排出；对于地势低洼的地块可采取起垄种植的方式。

（2）虫害防治。防风的主要害虫为黄凤蝶幼虫和黄翅茴香螟幼虫，主要危害叶和花蕾；严重时叶片、花葶被食光。黄翅茴香螟幼虫还在花蕾上结网，影响防风生长，降低药材产量和质量。

黄凤蝶防治方法：在害虫幼龄期喷施 90％晶体敌百虫 800 倍液，或进行人工捕杀。

黄翅茴香螟防治方法：在早晨或傍晚用 90％晶体敌百虫 800 倍液，或用 Bt 乳剂 300 倍液喷雾防治。

五、采收与加工

在 10 月下旬至 11 月中旬或春季萌芽前采收。用种子繁殖的防风，第 2 年就可收获。春季分根繁殖的防风，在水肥充足、生长茂盛的条件下，当根长 30 cm、粗 1.5 cm 以上时，当年即可采收。秋播的于翌年 10～11 月采收。采收早产量低，采收过迟则根易木质化。防风根入土深，质脆易折断，采挖时先在畦面的一边挖 1 条深沟，然后再一行行掘出，露出根后用手扒，防止挖断，挖出后除掉残茎和细梢毛须及泥土，进行晾晒，晒至周身柔软后随时用手攥攥根，使其条直质坚实，晒至八九成干去掉毛头，捆成 250 g 重牛角小把，再晒至干透为止。防风药材以身干、无虫蛀、无霉变、无须根及毛头，根条粗壮，断面皮色浅棕色，木质部浅黄色者为佳品。也可用烘干法干燥，在 45 ℃条件下烘干，但应注意，由于在烘干室内摆放了大量防风鲜品，空气湿度大而使防风不易干燥。因此，在烘干过程中，必须在保证温度的同时，增大通风量，缩短干燥时间。

六、功效

防风以干燥根入药，味辛、甘，微温，归膀胱、肝、脾经，为防治一切风邪所致疾病的中药材，含挥发油、色原酮、香豆素、有机酸、杂多糖、丁醇等化合物，具有解表、祛风、除湿、止痛、解痉之功效，主治外感风寒、风寒湿痹、恶心发汗、受风头痛、目赤咽痛、发热、破伤风、关节痛等。因防风既能散风寒，又能发散风热，能祛风湿而止痛，也可用于皮肤瘙痒、荨麻疹等。此外，防风炒炭还能止泻、止血。

刺 五 加

刺五加（*Eleutherococcus senticosus*）为五加科五加属植物。别名老虎撩子根、五加根、五加皮、刺拐棒、坎拐棒子、一百针、老虎撩。

一、形态特征

多年生灌木，高1～6 m，分枝多，一二年生的通常密生刺，稀仅节上生刺或无刺；刺直而细长，针状，下向，基部不膨大，脱落后遗留圆形刺痕，叶有小叶5，稀3；叶柄常疏生细刺，长3～10 cm；小叶片纸质，椭圆状倒卵形或长圆形，长5～13 cm，宽3～7 cm，先端渐尖，基部阔楔形，上面粗糙，深绿色，脉上有粗毛，下面淡绿色，脉上有短柔毛，边缘有锐利重锯齿，侧脉6～7对，两面明显，网脉不明显；小叶柄长0.5～2.5 cm，有棕色短柔毛，有时有细刺。伞形花序单个顶生，或2～6个组成稀疏的圆锥花序，直径2～4 cm，有花多数；总花梗长5～7 cm，无毛；花梗长1～2 cm，无毛或基部略有毛；花紫黄色；萼无毛，边缘近全缘或有不明显的5小齿；花瓣5，卵形，长2 mm；雄蕊5，长1.5～2 mm；子房5室，花柱全部合生成柱状。果实球形或卵球形，有5棱，黑色，直径7～8 mm，宿存花柱长1.5～1.8 mm。花期6～7月，果期8～10月。

二、产地

分布于中国黑龙江（小兴安岭、伊春带岭）、吉林（吉林市、通化、安图、长白山、靖宇）、辽宁（沈阳）、河北（雾灵山、承德、百花山、小五台山、内丘）和山西（霍州、中阳、兴县）、北京延庆。朝鲜、日本和俄罗斯也有分布。

三、生长环境

生于海拔100～2 000 m阴坡或阳坡林下，喜温暖湿润气候，耐寒、耐微荫蔽。喜排水良好、疏松、腐殖质层深厚、土壤微酸性的沙壤土。以夏季温暖湿润多雨、冬季严寒的大陆兼海洋性气候为佳。由于刺五加耐阴，因此可在杂木林下及林间空地种植。

四、栽培技术

（一）选地整地

野生刺五加多分布在林下或林缘腐殖土中。人工栽培应选择土层深厚的腐殖土或沙壤土、土层厚的荒山坡地、林边空地、溪流两侧，也可选择房前屋后的园田地或耕地。林地宜选择针阔混交林、阔叶林或者疏林地，上层林木郁闭度 30%～50%。坡向以阴坡、半阴坡为宜。也可选择宜林荒山荒地，进行全光造林。林地坡度不超过 20°。播种前要全面清除杂草、灌木，割茬高不超过 6 cm。施足底肥，一般每亩施腐熟农家肥 2 500～3 000 kg 或商品有机肥 1 500～2 000 kg，均匀撒于地面，然后深翻土地 25～30 cm，翻地后整平耙细。

（二）繁殖方式

1. 种子繁殖

刺五加的果实一般在每年的 9 月中下旬成熟，其果实采收后不能直接播种，需要经过一个冬季完成生理成熟过程后，种子才能发芽。采摘成熟变黑的刺五加果实，放入冷水中浸泡 1～2 d，然后搓去果皮和果肉，再用清水漂洗，取沉底的饱满种子晾干。播种用刺五加种子千粒重为 10.4～11.4 g。把种子和湿沙以 1∶3 的比例混拌均匀后，放在室内堆藏一段时间，在背风向阳处挖深 40 cm、宽 40 cm、长度视种子量的多少而定的沟槽，沟槽底部铺上 5 cm 厚的湿沙，然后将种沙混合物放到沟槽内，厚约 30 cm，上面再覆 5 cm 厚的湿沙，最后覆上 20 cm 厚的土壤成丘状，覆土时每隔一定距离放置一束草把，以利于通风。待到春天解冻后将种子取出，放在向阳处晾晒，每天翻动几次，当有 30% 以上的种子裂口时即可以播种。

育苗一般需要做床，床宽 100～120 cm，床高 15～20 cm，床长视地块情况而定，有利于灌水排水即可。床土要细碎，床面要平整。

一般于 4 月上中旬播种。播前浇透底水。可采用横床开沟条播，按行距 10～15 cm 开沟，沟深 4～5 cm，压平沟底，将处理好的种子撒于沟内，种子间距 2 cm 左右；也可按株行距 8 cm×8 cm 穴播，每穴播种

子2~3粒。播后覆土2~3 cm厚，稍压。床面用落叶或无籽草覆盖3~
5 cm厚保湿。出苗后要及时撤掉覆盖物，适当浇水保持床面湿润，5~
7 d浇1次水，立秋后不再浇水。

床面除草主要靠人工用手拔草。立足除早、除小，整个苗期床面
要保持无杂草。作业道及床帮上的草铲除后要清理出田外，保持床间
清洁。除草时可用小铁钩将行间土壤钩松，注意不要伤及小苗根部。
为培养壮苗，生长前期可适当追施一些含高氮复合肥（30 - 10 - 10），
一般每亩用量为10~15 kg，生长后期可适当追施一些高氮高钾复合肥
（20 -10 - 20），每亩用量为5~10 kg。当年秋季或第2年春季皆可出圃
栽植。

2. 无性繁殖

分株繁殖：在春天土壤完全解冻前，将从刺五加根茎萌发出的幼株
连一部分根茎切下，挖穴栽植。用这种方法繁殖，操作简单，易于掌
握，成活率高，生长快。当年或第2年即可移栽定植。

扦插繁殖：刺五加扦插繁殖分为硬枝扦插和嫩枝扦插。

硬枝扦插：选取2年生的枝条，上面要有3~5个芽，剪成15 cm
长的插穗，斜插入土中，保持一定温度和湿度。春季扦插要用薄膜覆
盖，温度保持在25℃左右。夏季则要搭设遮阴棚。如在林内扦插，则
可以在床面覆盖上一层落叶。

嫩枝扦插：在6~7月，选取生长健壮的半木质化枝条，剪成长
10 cm的插条，只留一片掌状复叶或将叶片剪去一半。将插条按株行距
8 cm×15 cm斜插入苗床中，插入的深度为插条长的2/3，浇透水后用
地膜覆盖，以保持土壤湿度，大约半个月即可生根，然后去掉薄膜，第
2年即可移栽。

（三）移栽定植

栽植在早春萌芽前进行为佳，也可在秋后结冻前进行。移栽定植
选择健壮的有性繁殖苗或无性繁殖苗。当年生幼苗，苗高要在10~
15 cm，根茎2~3条，平均长度12~14 cm，须根发达。在成林地中栽
植，林分郁闭度应为30%~50%，见缝插针，栽植密度以330株/亩
为宜。在新植地（红松、大果榛子）中栽植，栽植密度为660株/亩。
每穴1株，栽植时要使根系舒展，栽后浇透水，再覆1层细沙。穴坑
以40 cm×40 cm×40 cm为宜，每穴施腐熟农家肥5~10 kg。

（四）田间管理

幼苗定植后要及时进行除草松土，首先割除萌发的杂草和灌木，结合除草中耕两次，以保持田间清洁。

刺五加是喜肥植物，每个生育期应追肥 2～3 次。第 1 次在返青后进行，每亩追施腐熟农家肥 2 000～3 000 kg；第 2 次在前次追肥后 30～40 d 进行，每亩施用三元复合肥（15-15-15）20～30 kg；第 3 次在秋后进行，每亩追施腐熟农家肥 3 000～3 500 kg。刺五加喜湿润土壤，但又怕涝，生育期间不能缺水。如遇天气干旱，必须及时浇水，在雨季还要注意排水防涝，不要使田间积水。刺五加经过一个生育期的松土除草，有的根茎外露，影响越冬。秋末冬初应对刺五加进行培土。培土不要太厚，能将根茎埋入即可。有条件的可在根茎部覆盖一些无籽草，既有利于刺五加越冬，又有利于第 2 年刺五加的根茎分蘖。

五、采取与加工

嫩茎采收：刺五加一般在 4 月下旬至 5 月上旬开始发芽，当嫩茎长到 15～20 cm 时即可采摘。掌握采摘时机非常重要，采早了产量不高，味道不好；采晚了茎会变老，品质下降。采摘时要用"采一留一"的办法，保证有足够的叶片供树木正常生长。

根皮及茎干的采收：根皮及茎干的采收宜在秋天树木落叶后进行。将那些经过多年采摘和反复平茬，没有复壮希望的老龄树连根挖出，地上茎干部分去净杂质，截成 20 cm 长的段，洗净晒干后捆成小捆。根部挖出后抖掉泥土，用清水洗净，剥出根皮晒干后即可出售或储藏。

六、功效

刺五加根、茎、叶皆可作药用，皮可加工成五加皮，有"木本人参"之称，幼芽与嫩叶是东北地区传统食用的山野菜。刺五加口味独特，性温，味辛、微苦，具有调节血压、益气健脾、补肾安神、扶正固本的功效，主治胃腹胀痛、黄疸、尿血、月经不调、脾肾阳虚、体虚乏力、食欲不振、腰膝酸痛、失眠多梦等。

葛　根

葛根为豆科葛属葛（*Pueraria montana* var. *lobata*）的块根。别名葛条根、葛条、甘葛、葛藤、山葛、山葛藤、野葛、日本木薯。

一、形态特征

多年生草质藤本，长可达 8 m，全体被黄色长硬毛，茎基部木质，有粗厚的块状根。根较粗肥厚，长而横走，嫩白色，有须毛，表面光滑；叶子较小，深绿色，呈椭圆形。羽状复叶具 3 小叶；托叶背着，卵状长圆形，具线条；小托叶线状披针形，与小叶柄等长或较长；小叶 3 裂，偶尔全缘，顶生小叶宽卵形或斜卵形，长 7～19 cm，宽 5～18 cm，先端长渐尖，侧生小叶斜卵形，稍小，上面被淡黄色、平伏的疏柔毛，下面较密；小叶柄被黄褐色茸毛。花朵较小，呈蝴蝶状，表面有小茸毛，淡紫色。总状花序长 15～30 cm，蝶形花紫红色，中部以上有颇密集的花；苞片线状披针形至线形，远比小苞片长，早落；小苞片卵形，长不及 2 mm；花 2～3 朵聚生于花序轴的节上；花萼钟形，长 8～10 mm，被黄褐色柔毛，裂片披针形，渐尖，比萼管略长；花冠长 10～12 mm，紫色，旗瓣倒卵形，基部有 2 耳及一黄色硬痂状附属体，具短瓣柄，翼瓣镰状，较龙骨瓣为狭，基部有线形、向下的耳，龙骨瓣镰状长圆形，基部有极小、急尖的耳；对旗瓣的 1 枚雄蕊仅上部离生；子房线形，被毛。荚果长椭圆形，长 5～9 cm，宽 8～11 mm，扁平，被褐色长硬毛。种子呈圆球形，黑褐色，外皮较硬。花期 4～9 月，果期 8～11 月。

二、产地

葛的原产地在中国，除新疆、青海及西藏外，其余各地均有分布。主要分布于辽宁、河北、河南、山东、安徽、江苏、浙江、福建、台湾、广东、广西、江西、湖南、湖北、重庆、四川、贵州、云南、山西、陕西、甘肃等地。

三、生长环境

葛喜温暖、潮湿的环境，有一定的耐寒、耐旱能力，对气候的要求不严，适应性较强，以土层深厚、疏松、富含腐殖质的沙质壤土为佳。野生葛常生于山坡的草丛、路旁和阴湿林中。

四、栽培技术

（一）土地选择

选择土质肥沃疏松、土层厚度 80～100 cm、排灌方便、光照资源充足的沙质壤土，或荒山、荒坡、林间及果园空地等。

（二）繁殖方式

葛根的繁殖方法有种子繁殖、压条繁殖、扦插繁殖及根头繁殖，生产中一般使用播种繁殖。

1. 种子繁殖

播种前种子用 30～35 ℃清水浸泡 24 h，取出晾干表面水分，3～4月进行点播，按株距 50～60 cm、行距 50～60 cm 挖种植穴，每穴播种4～5 粒，最后盖 3～4 cm 厚的细土。

2. 压条繁殖

当夏季生长繁茂时，选健壮枝条，用波状或连续压条法，将葛藤埋入土中使其生根。生根以后，施用少量高氮复合肥（20－10－10），每亩用量 10～15 kg，并勤除杂草，待次年早春未萌发以前，剪成单株，挖起栽种。栽前按株距 50～60 cm、行距 50～60 cm 挖种植穴，穴径25～27 cm，深 20～25 cm，每穴施用腐熟有机肥 5～10 kg，上盖一层薄土，每穴 1～2 株，栽后填细土压紧。

3. 扦插繁殖

在早春未萌发前，选择节短、生长 1～2 年的粗壮葛藤，每 2～3 个节剪成一段，每穴扦插 2～3 根，插条入土一端以成环状或半环状平卧穴中为好，入土深度 10～15 cm，盖上压紧，再盖一层松土，上面一端留一个芽露出土面，插后及时喷水。

4. 根头繁殖

在冬季采挖时，切下 10 cm 左右长的根头，直接栽种。

（三）田间管理

1. 水肥管理

首先查缺补苗，确保全苗。在雨季来临前确保葛苗生长需要用水，适时浇水抗旱保苗。4～7月每月施肥一次，推荐用三元复合肥（15-15-15）每亩30～40 kg，确保葛根幼苗生长所需的养分。秋季，每亩施用腐熟有机肥2 000～2 500 kg。雨季，适时中耕除草2～3次，随时去除积水，以防涝灾。

2. 搭架引蔓

当葛藤长到40～50 cm长时，及时搭架引蔓，以利藤蔓伸展。在两株葛苗间斜插一根2 m长的竹竿，相邻两行的竹竿交叉形成"人"字形，在交叉点上放一根长竹竿，用绳索捆绑固定，将葛藤引上架。

3. 修剪整蔓

在藤蔓长度未达1.5 m之前，要随时将侧芽剪除，不留分枝蔓以促进主蔓健壮生长；藤蔓长1.5 m以后，保留分枝藤蔓；当主蔓长到2.5 m长时，摘除顶芽，促进侧蔓多长叶片，增强光合作用。当所有侧蔓顶端生长点距根部长度达到3 m时要摘除顶芽，促进块根发育壮大，促进藤蔓长粗长壮和芽节发育，为来年繁殖种苗作准备。

4. 病虫害防治

主要病害有黄粉病，在多雨水、气温高、湿度大的夏秋季节，要注意挖沟排水，把已发病的叶片、藤蔓剪除干净，集中处理，用甲基硫菌灵喷洒植株防治。

主要虫害有蛀心虫、蝗虫、蚜虫等，及时用敌杀死喷杀。金龟子用灯光诱杀或用90％晶体敌百虫1 000倍液喷叶面防治。

五、 采收与加工

栽培3～4年后采挖葛根，在冬季叶片枯黄后到春季发芽以前进行。除去藤蔓，挖出块根，切下根头作种，除去泥沙，刮去粗皮，切成1.5～2 cm厚的斜片，或对剖后切成1.5～3 cm厚的块，既可直接晒干或烘干，也可用盐水或淘米水浸泡，再晒干，这样色更白，品质更好。葛根以块肥大、色白、粉性足、纤维少者为佳。

六、功效

　　葛根、藤茎、叶、花、种子及葛粉均可入药，葛根药用价值最高。其味甘、辛、凉，归脾、胃、肺经，具有解肌退热、透疹、生津止渴、升阳止泻、通经活络、除烦止渴、解酒毒之功效，主治伤寒温热、头项强痛、烦热消渴、泄泻、痢疾、口渴、麻疹不透、高血压、心绞痛、耳聋、眩晕头痛、中风偏瘫、胸痹心痛、酒毒伤中等。

党　参

党参（*Codonopsis pilosula*）为桔梗科党参属植物。别名台党、口党、潞党、东党、黄参、中灵草、辽参、防风党参、防党参、上党参、狮头参、黄党。

一、形态特征

多年生草质缠绕藤本，折断有乳汁。茎基具多数瘤状茎痕，根常肥大呈纺锤状或纺锤状圆柱形，较少分枝或中部以下略有分枝，长 15～30 cm，直径 1～3 cm，表面灰黄色，上端 5～10 cm 部分有细密环纹。茎缠绕，长 1～2 m，直径 2～4 mm，有多数分枝，侧枝 15～50 cm，小枝 1～5 cm，具叶，不育或先端着花，黄绿色或黄白色，无毛。叶在主茎及侧枝上的互生，在小枝上的近于对生，叶柄长 0.5～2.5 cm，有疏短刺毛，叶片卵形或狭卵形，长 1～6.5 cm，宽 0.8～5 cm，端钝或微尖，基部近于心形，边缘具波状钝锯齿，分枝上叶片渐趋狭窄，叶基圆形或楔形，上面绿色，下面灰绿色，两面疏或密被贴伏长硬毛或柔毛，少为无毛。花单生于枝端，与叶柄互生或近于对生，有梗。花萼贴生至子房中部，筒部半球状，裂片宽披针形或狭矩圆形，长 1～2 cm，宽 6～8 mm，顶端钝或微尖，微波状或近于全缘；花冠上位，阔钟状，长 1.8～2.3 cm，直径 1.8～2.5 cm，黄绿色，内面有明显紫斑，浅裂，裂片正三角形，端尖，全缘；花丝基部微扩大，长约 5 mm，花药长形，长 5～6 mm；柱头有白色刺毛。蒴果下部半球状，上部短圆锥状。种子多数，卵形，无翼，细小，棕黄色，光滑无毛。花果期 7～10 月。

二、产地

党参主产于西藏东南部、四川西部、云南西北部、甘肃东部、陕西南部、宁夏、青海东部、河南、山西、河北、内蒙古及东北等地。朝鲜、蒙古国和俄罗斯远东地区也有分布。

三、生长环境

党参喜温和凉爽气候，耐寒，根部能在土壤中露地越冬。多分布在北方海拔 700～1 500 m 的高山地区。幼苗喜潮湿、荫蔽、怕强光。播种后缺水不易出苗，出苗后缺水会大批死亡。高温易引起烂根。大苗至成株喜阳光充足。适合在土层深厚、排水良好、土质疏松而富含腐殖质的沙质壤土栽培。野生党参常见于山坡灌丛中及林缘。

四、栽培技术

（一）选地与整地

平原地区选择地势平坦、海拔不宜过高、土层深厚、土壤疏松肥沃、距水源较近、排水良好、中性或偏酸性沙质壤土栽种较好。山区应选择低山坡度小于 20°、土层深厚、土壤疏松、富含腐殖质、排水良好的沙质壤土种植。不宜在洼涝积水、盐碱地和黑黏土上栽种，忌重茬。每亩施入腐熟农家肥 1 500～2 000 kg，然后翻耕、整平、耙细，做成高畦或平畦。

（二）种子繁殖

1. 播种育苗

待果实黄褐色，变软，种子呈深褐色时采收。因党参花期较长，种子成熟很不一致，应分期分批采集。果实采收后晒干，搓下种子，簸去果皮和杂质后摊放在干燥阴凉处晾干储存备播。用当年新产种子，发芽快，发芽率高，出苗均匀、健壮。春夏播种时可将种子进行催芽处理，方法是播种前用 40～45 ℃温水浸种，边搅边放种子，待水温降至不烫手为止。再浸泡 5 min。然后将种子装入纱布袋内，再水洗数次，置于沙堆上，每隔 3～4 h 用 15 ℃温水淋一次，经过 5～6 d，种子裂口时即可播种。也可将布袋内的种子用 40 ℃水洗数次，保持湿润，4～5 d 种子萌动时，即可播种。

春播宜在 3～4 月雨后进行，种子出苗率高。夏播多在 5～6 月的雨季进行。秋播以 10～11 月上中旬上冻前为宜。播种采用撒播或条播。撒播前在整好的畦上灌水，水渗后将种子拌细沙后均匀地撒在畦面上，每亩播种量 10～20 kg，播后稍盖一薄层细土，以盖住种子为宜。条播先在畦上横向开 4～6 cm 深的浅沟，按行距 25～30 cm，播幅 10 cm 左右，将种子均匀播入沟内，每亩播种量宜 1～1.5 kg，播种后盖上薄土以利出苗。当参苗长至 3～5 cm 时，将盖在畦上的秸草逐渐揭掉，不可 1 次揭光，以防晒死幼苗。当参苗长至 10 cm 以后，可以全部揭掉盖畦秸草，并结合中耕除草间去过密的细小弱参苗，保留粗壮苗，使株距保持在 1～3 cm，以利通风透光。幼苗长大要适当控制水分，减少浇水次数，雨季后注意排水。育苗地一般不施追肥，如果参苗太弱，生长缓慢，在浇水时可适当施人畜粪尿促苗生长，切忌施硫酸铵化肥，防止发生烧苗。苗高 6～7 cm 时起苗移栽，入冬前不移栽，应在冬前盖 1 层腐熟厩肥安全越冬。

2. 移栽定植

党参苗可在当年 10 月中下旬上冻前或第 2 年春季 3 月上中旬解冻后、萌芽前阴雨天进行移栽。移栽前翻耕，施足基肥，整地作畦，按行距 20～30 cm、株距 6～10 cm 挖穴，穴深根据参苗大小而定。党参系深根性植物，移栽时将过长的参尾剪掉一部分，促使党参长粗。移栽时将参条顺沟的倾斜度放入，根头抬起，根梢伸直，栽后覆土埋严后浇定根水，以利参苗移植后成活。

（三）栽培管理

1. 中耕除草

苗期封行前要勤除草松土，松土宜浅，以防损伤参根，撒播的苗间杂草用手拔除。一般移栽后第 1 年除草 3 次（在 4～6 月每月 1 次）。栽植后 2 年以上每年早春出苗后除草 1 次，然后培土。

2. 追肥

移栽成活后，每年 5 月上旬当苗长至 30 cm 时可结合中耕除草进行追肥，每亩追施腐熟农家肥 1 000～1 500 kg；第 2 次中耕除草后每亩施入三元复合肥（15 - 15 - 15）20～25 kg；秋季每亩施腐熟农家肥 1 500～2 000 kg，肥施入根部附近，以促进翌年参苗苗壮生长。

3. 排灌水

党参出苗前和苗期应经常保持畦土湿润，当苗长至 15 cm 以上时不需浇水，但大雨后要及时排水，以防涝洼地积水烂根引起植株死亡。

4. 搭架遮阴

党参为多年生草质藤本，1 年生苗呈蔓生，2 年生以上苗有缠绕性。当参苗长至 25～30 cm 时需要设立支架，以便顺架生长，可提高抗病力，少染病害，有利于参根生长和结实。在行间插竹枝或树枝供茎蔓攀缘以利于通风透光，促使苗壮苗旺。

5. 疏花

党参开花较多，非留种田及当年收获的参田需要及时疏花，防止党参长花多而消耗养分，促使根部生长，提高质量。

6. 病虫害防治

党参常发生根腐病，一般多在土壤过湿与气温过高时该病较易发生，发病初期，近地面须根变成黑褐色，轻度腐烂，严重时整个根呈褐色水渍状腐烂，地上部分枯死。防治方法：加强管理，雨季注意清沟排水，田间搭架以利于通风透光；发现病株立即拔除集中处理，并在穴内撒石灰粉消毒，也可用 50％多菌灵 500 倍液浇灌病苗及其周围的植株，以控制病害蔓延。

锈病发生一般开始于 5 月上中旬，6～7 月为发病盛期。叶、茎、花均可被害。防治方法：发病期喷 50％二硝散 200 倍液，7～10 d 喷 1 次，连续 2～3 次。

危害党参的虫害主要有地老虎和金龟子的幼虫（蛴螬），咬断根茎或刚出土的幼苗。防治方法：每亩用 90％美曲膦酯晶体 100～150 g 拌细土 15～20 kg 做成毒土，可在整地时撒入植株根部，结合人工捕捉，有较好的防治效果，或用敌百虫稀释液浇根部诱杀。

蚜虫和红蜘蛛主要危害幼苗及成株叶片，可用 50％杀螟松 1 000～2 000 倍液喷雾。

五、采收与加工

党参采收宜在秋季地上部分茎叶开始黄枯至翌年春季党参萌芽前进行，其间党参粉性充足，质量好。采收要选择晴天割去参蔓茎叶，在畦的一边用锄头开深约 30 cm 的沟，小心挖出全参根，避免挖伤和挖断流出浆汁而形成黑疤降低药材质量。

采收的党参抖去泥土或用水洗净泥沙，按其粗细长短等分别放晒席上晾晒三四成干，在沸水中略烫后再晒至参体发软，将各级参分别捆成小束，一手握住根头，另一手向下顺，揉搓数次。搓揉使其坚实饱满，皮肉紧密相连，但搓的次数不宜过多，用力不宜过大，否则会变成油条，影响质量。参梢如太干可先在水中浸一下再搓，搓后再放晒席上晒，晚上收时扎成小束，每小束重 0.2～0.25 kg，置木板上反复压搓，再继续晒干，若遇阴雨天，可用 60 ℃左右文火经常翻动烘干，即成为党参干。

六、功效

党参以干燥根入药，味甘，性平，归脾、肺经，具有健脾益肺、补中益气、生津养血、扶正祛邪的功效，主治中气虚弱不足、脾虚泄泻、肺气亏虚、热病伤津、体倦乏力、血虚心悸、气短口渴、血虚萎黄、健忘等。在补气、益气方面，可用于气虚倦怠、四肢无力、气急喘促、身体衰弱或中气不足引起的脱肛、子宫脱垂和胃下垂等。还可治疗因脾胃气虚所致的食欲缺乏、慢性腹泻、消化不良、食后腹胀、食油腻不化。

藁 本

藁本（*Conioselinum anthriscoides*）为伞形科山芎属植物。别名香藁本、藁茇、鬼卿、地新、山苣、蔚香、微茎、蒿板、山园荽、家藁本、水藁本、火藁本。

一、形态特征

多年生草本，高达 1 m。根茎发达，具膨大的结节。茎直立，圆柱形，中空，具条纹，基生叶具长柄，柄长 20 cm；叶片轮廓宽三角形，长 10～15 cm，宽 15～18 cm，二回三出羽状全裂；第 1 回羽片轮廓长圆状卵形，长 6～10 cm，宽 5～7 cm，下部羽片具柄，柄长 3～5 cm，基部略扩大，小羽片卵形，长约 3 cm，宽约 2 cm，边缘齿状浅裂，具小尖头，顶生小羽片先端渐尖至尾状；茎中部叶较大，上部叶简化。复伞形花序顶生或侧生，果时直径 6～8 cm；总苞片 6～10，线形，长约 6 mm；伞辐 14～30，长 5 cm，四棱形，粗糙；小总苞片 10，线形，长 3～4 mm；花白色，花柄粗糙；萼齿不明显；花瓣 5，白色，花瓣倒卵形，先端微凹，具内折小尖头；雄蕊 5，较花瓣长，花药黑紫色；子房下位，花柱呈压扁的圆锥形；花柱基隆起，花柱长，向下反曲。分生果幼嫩时宽卵形，稍两侧扁压，成熟时长圆状卵形，背腹扁压，长 4 mm，宽 2～2.5 mm，背棱突起，侧棱略扩大呈翅状；背棱槽内油管 1～3，侧棱槽内油管 1～2 个，合生面油管 2～6；胚乳腹面平直。花期 8～9月，果期 9～10 月。

二、产地

藁本主产于四川阿坝，重庆巫山、巫溪，湖北巴东、兴山、长阳，湖南茶陵，陕西安康。其他省份也多有栽培。

三、生长环境

藁本生于海拔 1 000～2 700 m 的林下及林缘潮湿处，阴坡洼地，沟边草丛。

四、栽培技术

（一）选地与整地

藁本适应性较强，平地和坡地均可栽植。以背风向阳、土层深厚、土质肥沃湿润、排水良好的沙质壤土及腐殖质壤土为宜。树龄 5 年以下的林下及林间空地均可种植。选地后，清除杂草、树根、石头等杂物，然后深翻 20～25 cm，结合深翻整地施入腐熟的农家肥作为基肥，每亩用量 1 500～2 000 kg，使土壤和肥料混合均匀。再整平耙细，做成床，床宽 1.1～1.3 m，床高 20～25 cm，床长依地形而定。床与床之间留 40 cm 宽的作业道，床的两端挖好排水沟。

（二）繁殖方法

藁本栽培可以用种子繁殖或根芽繁殖，生产上多以根芽繁殖为主。

1. 种子繁殖

春播时间为 4 月左右，气温稳定在 15 ℃以上，秋播时间在土壤上冻前。采用撒播的播种方式进行播种。选择头年采收的饱满种子，将种子拌入适量的细河沙（1∶3 比例混匀），均匀撒于床面上，用耙子搂平，使种子与土壤充分结合，稍加镇压。每亩用种量为 1.2～1.5 kg。播种后在床面上覆盖 1 cm 厚的松针。一般播种后 7～14 d 即可出苗，幼苗出土前要保持床面湿润，干旱时 2～3 d 喷透水 1 次。出苗后要根据干旱程度适当浇水。当幼苗长到 7～10 cm 时，结合除草除去弱苗和过密的苗，按株行距均 15 cm 进行定苗。如果种子繁殖的目的是培育种苗，准备大田或林下移栽的，按株行距均 10 cm 进行定苗。

2. 根芽繁殖

于春季土壤解冻后芽萌发前或秋季 11 月地上部分枯萎割除后，将根整株刨出，按大小分株，一般每株可分三四小株。分好后按株距 10～15 cm，行距 15～20 cm 挖穴，穴深根据根系的长度而定，每穴栽 1 株，覆土压实，浇水即可。春栽覆土至根茎上 2～3 cm，秋栽宜 4～5 cm。春栽清明后 10～15 d 出苗，秋栽第 2 年春季发芽。

（三）种苗移栽

用种子繁殖培育种苗进行移栽，移栽时间可在春季或秋季，可在大田栽种，也可以在林下或果园套种。起苗前 1 d 苗床浇透水以利于起苗，起苗时注意不要伤害幼根。根据苗子大小及种植目的分级栽种，种苗大的适当减少栽植密度，药用栽植株行距以 20 cm×20 cm 为宜；菜用栽植株行距以 15 cm×15 cm 为宜。栽植穴深 15 cm，每穴放 1～2 株种苗。栽植要保证种苗根系的舒展，自然分布于穴内，覆土踩实，覆土厚度以盖过顶芽 3～4 cm 为宜。秋季栽植可以适当增加覆土厚度。栽后土壤干旱浇透水，春季雨水较多的地区可不浇水，秋季移栽要浇透水。

(四) 田间管理

1. 中耕除草

每年进行松土除草 3～4 次，松土除草注意不要伤及植株根茎。结合松土除草及时清除栽植地中的病弱株，栽植地中要保持良好通风透光环境。

⑦⑦⑦⑦ 温 馨 提 示

> 每次除草结合培土进行，切不可在花期、结籽期除草。

2. 排水与防旱

苗期保持土壤湿润，干旱时适当浇水，少浇勤浇。雨季做好排水工作，以避免植株根系处积水造成根系腐烂。

3. 施肥

苗期视土壤肥力追肥 2～3 次，每次每亩施入三元复合肥 (15 - 15 - 15) 20～25 kg，开沟条施即可。入冬前如有条件施入一层腐熟有机肥，既可增加土壤肥力，也可以使越冬芽安全越冬。每亩用量一般为 1 000～1 500 kg。

4. 摘除花序

以根茎为主产品的植株，在花蕾期适当摘除部分花序，以利于集中营养促进根系生长。

五、采收与加工

栽后 1～2 年，于秋季在地上部分植株枯萎后，将地下根茎完整挖出，去净秧茬及泥土，摘掉须根，放置于席上晒干（指头部疙瘩干透）即可。

六、功效

藁本的根茎供药用，其味辛，性温，归膀胱经，为中国传统中药，具有祛风散寒、除湿止痛之功效，主治风寒头痛、寒湿腹痛、肢节疼痛、泄泻，外用治疥癣、神经性皮炎等。

玉　竹

玉竹（*Polygonatum ordoratum*）为百合科黄精属植物。别名铃铛菜、萎蕤、黄鸡菜根、尾参、地管子、铃铛菜、葳蕤。

一、形态特征

多年生草本，其根系由多条不定根组成，不定根白色，由根状茎的节间和节上发出，长度一般在 30 cm 以内，每条不定根可产生二级、三级支根，共同组成玉竹的须根系。根状茎横生，具节，扁圆柱形，直径 5～14 mm。茎单一，倾斜或弧状倾斜，具纵棱，基部具膜质的鞘，茎高 20～80 cm。叶互生，椭圆形至卵状矩圆形，具 7～14 片叶，长 5～20 cm，宽 2～16 cm，平行脉，先端尖，下面带灰白色，下面脉上平滑至呈乳头状粗糙，叶基楔形，无叶柄，基部稍微包茎。花序具 1～4 朵花，生于叶腋处，总花梗长 1～2.5 cm，弯而下垂，无苞片或有条状披针形苞片；花黄绿色至乳白色，具淡香气，全长 13～20 mm，花被片 6，下部合生成筒，花被筒较直，为淡绿色而 6 裂，裂片长 3～4 mm；花丝丝状，近平滑至具乳头状突起；雄蕊 6，花药长约 4 mm；子房长 3～4 mm，卵形，柱头 3 裂，具有簇毛，花柱长 10～14 mm。浆果圆球形，蓝黑色，直径 5～10 mm，具 7～9 粒种子。花期 5～6 月，果期 7～9 月。

二、产地

玉竹广布于欧亚大陆温带地区。我国玉竹资源丰富，广泛分布于东北、华北、西北、华东、华中各地，在吉林、陕西、山西、河北、宁夏、湖北、湖南、四川、浙江、安徽、江西、广东等地都有玉竹生长或种植。

三、生长环境

玉竹对环境条件适应性较强，对土壤条件要求不严，但涝洼地、盐碱地、黏土地、沙石地不适合种植。一般温度在 10～15 ℃时根茎出苗，20～22 ℃时开花，22～25 ℃时地下根生长并增粗。玉竹适合生长在湿润、土层深厚、土壤疏松的地方。缓山坡、低山丘陵的林下都可以种植。玉竹耐寒，忌强光直射。野生玉竹常见于海拔 500～3 000 m 林下或山野阴坡。

四、栽培技术

（一）选地与整地

玉竹抗逆性强、适应性广，对栽植地的要求并不苛刻，山地、疏林地、果园、农田地皆可栽植。土质宜选黄沙腐殖土、黑沙腐殖土、山地棕壤土或沙质壤土，土层厚度≥25 cm。农田地有机质含量≥1.2%，山地、疏林地、果园有机质含量≥3.5%，土壤 pH 5.5～7.5，坡度≤20°，坡向以半阴半阳为佳，排灌方便。

利用荒山、荒坡和已耕种过的山坡地，种植前应清除土壤中的石块、小灌木及树根。每亩撒施腐熟的有机肥 2 500～3 000 kg，耕翻深度 25 cm 左右，整平耙细，做成宽 1.2～1.3 m、高 15～20 cm 的垄，作业道宽 30～40 cm，待栽。

在林间和林下种植玉竹，应选择郁闭度在 20%～30%的疏林地，植被以阔叶林或针阔叶混交林为宜，针叶林不建议栽植玉竹。在种植区域内清除石块、小灌木及树根，清除杂草。若采用穴栽，则不需大面积集中整地及除草，对适栽区过密小灌木和杂草进行人工割除即可。栽植穴应每穴施用腐熟的有机肥 5～10 kg，上盖一层薄土，待栽。

（二）繁殖方法

玉竹可通过根状茎和种子进行繁殖。种子繁殖时遗传性不稳定，处理烦琐，繁殖速度慢，影响效益，因此目前生产上都采用根状茎繁殖。

1. 留种

选择 2～3 年玉竹当年生地下根状茎作为种茎。于秋季收获时，选择具有品种特征的健壮植株，掰下或切下当年生肥大、黄白色、顶芽饱满、色泽新鲜、须根较多、无病虫害、无黑斑、无麻点、无机械损伤的根状茎作为种茎，并按个体大小分级，要求最小根状茎重量在 10 g 以上；过于细小或瘦弱的根状茎不宜留种，否则因营养不足，生活力不强，而使后代产量低，品质差。

2. 种茎储藏及催芽

传统上玉竹种茎常采取随挖、随选、随种的栽种方式。该方式由于出苗期长，且需经过低温寒冷季节，特别是对于那些栽种较早已萌动发芽而在出苗期遭遇冻害以及顶芽受损的根状茎，易引起腐烂。而且，由于种茎个体发育特性不一致，常常造成出苗不整齐。因此，推荐在对玉竹种茎进行层积储藏越冬的基础上，通过催芽进行春季栽种。

种茎储藏的方法是在室内或室外选择一通风排水良好的平坦空地，先在地面铺一层 10 cm 厚的河沙或新鲜黄土，然后摊上一层玉竹种茎（厚度 10 cm），如此一层沙（土）一层玉竹种茎，堆放 3~4 层，河沙或黄土要不干不湿，最后覆盖塑料薄膜保温保湿。有条件的地方可利用山洞，借助山洞阴凉、潮湿的条件，将玉竹种苗直接堆放洞内。层积储藏后的玉竹种茎可进行催芽，催芽温度以 9~12 ℃为宜。为了防止优良品种因长期无性繁殖而造成种性退化，可每隔 2~3 年通过异地高海拔地区繁殖复壮优良品种。有条件的可通过组织培养培育无菌种苗。

3. 移栽

待外界气温稳定回升到 5 ℃以上时，即可栽种。栽种应选择晴天进行。一般每亩需玉竹种茎 200~400 kg。玉竹种根茎选好后，在栽种前需进行 1 次药剂消毒处理，一般采用 70%甲基硫菌灵可湿性粉剂 800 倍液或 50%多菌灵可湿性粉剂 500 倍液将种茎浸洗 2~3 min，取出即可。采用开沟条播，行距 30~40 cm，株距 10~15 cm，条沟深 15 cm。采用斜排方式，使玉竹种茎顶芽朝向同一个方向，入土深 6~7 cm，一般每亩可栽植玉竹种茎 1.5 万~2 万个。林地穴栽行距 30~50 cm，株距 20~30 cm，穴与穴应犬牙交错，每穴放置 3~4 个种茎。

（三）田间管理

1. 覆盖床面

盖土后，及时盖一层 10~15 cm 厚的覆盖物，枯枝落叶、稻草、茅草、玉米秆等皆可，覆盖时间为 6 个月左右，目的是保持泥土疏松、土壤湿润，保温防冻，防止玉竹裸露和肥料损失，降温防暑，防止杂草生长等。

2. 中耕除草

玉竹生长期间要注意除草。第 1 年松土宜浅，松土除草 2~3 次，创造一个疏松的生长环境；翌年春季开始陆续出苗后拔除杂草。雨后不可践踏畦面，以免伤及根茎，或者踩出脚印积水，造成根茎腐烂。采用化学除草措施，每亩用 96％异丙甲草胺 90 毫升＋15％噻吩磺隆 10 g 兑水 20 kg，在春季苗未出土前进行床面封闭处理。

3. 合理施肥、调节根冠比

冬季玉竹刚刚枯萎进入休眠期时，需要追肥，每亩可施 1 000～1 500 kg 腐熟农家肥，再覆土 5～7 cm 厚，为玉竹翌年春季生长做好准备。7 月每亩补施 2 000～3 000 kg 腐熟农家肥，以利于根茎膨大生长。其他类型的栽植地视生产者条件选择是否追肥。

4. 遮阴

玉竹是喜阴植物，苗期强光、高温和干旱会抑制幼苗的生长发育，因此适度遮光可削弱光强，降低生长环境中的气温、地温，使玉竹幼苗在良好的小气候内生长发育。如无遮阴、温度过高，则植株细弱、矮黄，生长势弱，地下茎生长缓慢，产量降低 20％以上。因此林间或林下种植玉竹可省去遮阴环节。

5. 病虫害防治

玉竹虫害较少，病害主要有灰斑病、锈病、褐斑病、叶斑病、灰霉病等。

灰斑病危害叶片，5 月上中旬始发，6～7 月盛发，可采用 1‰硫酸铜于未出苗前进行田园消毒，发病初期用百菌清稀释夜或 1∶1∶300 波尔多液喷施。

玉竹易发生锈病，在土壤低洼积水的地方或因排水不良发病较重，所以栽植时一定要避开低洼和易涝的地段。锈病主要危害叶片，形成圆形或褐色斑点，叶背面生有黄色杯状锈孢子器。最有效的防治方法是在发病初期喷洒 20％三唑酮 1 800 倍液，在发病初期染病较少情况下，及时拔除病株并用生石灰消毒病株处的土壤。

五、采收与加工

玉竹鲜货水分大，不宜堆大堆，随收随加工，防止霉变。

选晴天、土壤稍干时采挖，先割去地上茎秆，再挖起根状茎，抖去泥土，防止折断。加工方法有晒制和蒸制两种。

晒制，随晒随用手揉搓和用撞药筐轻溜撞。揉搓 1～3 遍时手劲要轻（避免破皮及折断条），以后逐渐加重手劲（揉搓力一次比一次加重），在揉搓过程中，随时将大个的玉竹挑出来晾晒加工。具体要求：将大个玉竹晾晒稍倒浆（稍软）时，用撞筐轻溜下须子、土质（避免撞破皮），再放席上晾晒。一般在中午揉搓溜撞，每天揉两次，至体内无硬心，质坚实，半透明为止，晒干透。在装袋之前利用中午溜撞一下就直接装袋。

蒸制，将去尽泥土、杂质并分级的玉竹，抢晴天晒 2～3 d，晒至手压有弹性、不易折断为宜。蒸前用水冲洗，去尘湿润。用大铁锅装半锅水烧开，锅内放木支架，架上放竹筛，竹筛离水面 0.3～0.4 cm，不能接触水面。每筛装玉竹 5～7 kg，加盖蒸制 8～9 min，或锅边出大量蒸汽即可拿出。同时将下一筛放入，火势不减弱。根据分级，先蒸粗茎，蒸时较长；后蒸细茎，蒸时较短。考虑水分蒸发，蒸 2～3 筛后注意加水，沸腾后再蒸下一筛。一边蒸制，一边翻踩。将蒸好的玉竹置于干净的晒垫或门板上，稍摆整齐，翻踩 2～4 次，待变黄白色、半透明时为止。踩好后用水冲洗，一般上一筛玉竹翻踩好后，下一筛玉竹也就蒸好了。冲洗好的玉竹置太阳下晒 4～6 d，多次搓揉，五六成干时，白天晒，晚上堆积便于回潮，然后用灶火或烘房烘干。

六、功效

玉竹以干燥根状茎入药，味甘、性平，归肺、胃经，具有养阴润燥、生津止渴、壮阳、止咳之功效，多用于治疗心悸、口干、气短、胸痛或心绞痛、皮肤粗糙、肺胃阴伤、燥热咳嗽、咽干口渴、内热消渴等。玉竹根状茎含多糖、甾体皂苷、黄酮、生物碱、甾醇、鞣质、不饱和烯烃、黏液质和强心苷等成分，具有促进机体抗体生成及干扰素合成、降血糖、降血脂、缓解动脉粥样斑块形成、强心、抗氧化、抗衰老等作用，还有类似肾上腺皮质激素样作用。

拳 参

拳参（*Bistorta officinalis*）为蓼科拳参属植物。别名紫参、牡蒙、众戎、音腹、疙瘩参、铜罗、虾参、拳头参、涩疙瘩、蚤休、拳蓼、倒根草、草河车、山虾子、童肠。

一、形态特征

多年生草本，根状茎肥厚粗大，直径 1～3 cm，弯曲，黑褐色，内部紫色，具残存叶柄及托叶鞘。茎直立，高 50～90 cm，不分枝，无毛，通常 2～3 条自根状茎发出。基生叶宽披针形或狭卵形，纸质，长 4～18 cm，宽 2～5 cm；顶端渐尖或急尖，基部截形或近心形，沿叶柄下延成翅，两面无毛或下面被短柔毛，边缘外卷，微呈波状，叶柄长 10～20 cm；茎生叶披针形或线形，无柄；托叶筒状，膜质，下部绿色，上部褐色，顶端偏斜，开裂至中部，无缘毛。总状花序呈穗状，顶生，长 4～9 cm，直径 0.8～1.2 cm，花密集，圆柱形，花白色或粉红色；苞片卵形，顶端渐尖，膜质，淡褐色，中脉明显，每苞片内含 3～4 朵花；花梗细弱，开展，长 5～7 mm，比苞片长；花被 5 深裂，白色或淡红色，花被片椭圆形，长 2～3 mm；雄蕊 8，花柱 3，柱头头状。瘦果三棱状椭圆形，两端尖，红褐色，有光泽，长约 3.5 mm，稍长于宿存的花被。花期 6～7 月，果期 8～9 月。

二、产地

在中国产东北、华北、陕西、宁夏、甘肃、山东、河南、江苏、浙江、贵州、江西、湖南、湖北、安徽、四川。日本、蒙古国、哈萨克斯坦、俄罗斯（西伯利亚、远东）及欧洲也有分布。

三、生长环境

拳参性喜凉爽气候，耐寒又耐旱，生于海拔 800～3 000 m 的山野草丛中或林下阴湿处，以向阳、排水良好的沙质土或石灰质土栽培为宜。

四、栽培技术

（一）繁殖

拳参的繁殖方式为种子繁殖和分株繁殖。

种子繁殖：一般在 4 月上旬，按照行距 30～45 cm，开浅沟，将种子均匀撒入沟内覆土 0.5～1 cm 厚，每亩播种量 0.1～0.15 kg。当苗高 3～6 cm 时，按株距 15～30 cm 间苗。

分根繁殖：一般在秋季或春季萌芽前，挖出根状茎，每株可分成 2～3 株，按行距 30～45 cm、株距 30 cm 栽种，覆土，压实。

（二）田间管理

拳参田间管理是保证药材生产并获得高产优质的一项重要技术措施。

1. 灌溉

拳参适应能力强，比较耐旱，全年的浇灌主要有播种前灌水、催苗灌水、生长期灌水及冬季灌水。根据需水特性、生育阶段、气候、土壤水分情况而定，要适时、适量、合理灌溉。

2. 排水

拳参耐旱但怕涝，因此雨季及时排水对于保证产量和品质非常重要。拳参的排水方式主要有明沟排水和暗沟排水。明沟排水即在田间地面挖排水沟。此法简单易行，但占耕地较多，肥料易流失，沟边杂草丛生，容易发生病虫害，影响机械化操作。暗沟排水即挖暗沟或装排水管排水。暗沟排水可节省耕地，在大面积生产时采用。山区林下坡地可采取地头挖沟排水的方式进行雨季排水。

3. 中耕除草与培土

中耕除草是药用植物经常性的田间管理工作，其目的是消灭杂草，减少养分损耗，防止病虫害的滋生蔓延，疏松土壤，流通空气，加强保墒。早春中耕可提高地温，中耕可结合除蘖或切断一些浅根以控制植株生长。中耕除草一般在封垄前、土壤湿度不大时进行。拳参的中耕深度要看根部生长情况而定，根群多分布于土壤表层的宜浅耕，根群深的可适当深耕。中耕次数根据气候、土壤和植株生长情况而定。苗期杂草易滋生，土壤易板结，中耕宜勤；成株期枝叶繁茂，中耕次数宜少，以免损伤植株。此外，气候干旱或土质黏重板结，应多中耕；雨后或灌水后，为避免土壤板结，待地表稍干时中耕。

培土能保护植株越冬过夏，避免根部裸露，防止倒伏，保护芽苞，促进生根。培土时间视不同植物而定，一二年生植物，在生长中后期可结合中耕进行，多年生草本和木本植物，一般在入冬结合越冬防冻进行。

五、 加工方法

刨出后，去净秧茬、泥土，晒干后用筐溜去毛须子。

六、 功效

拳参以干燥根茎入药。味苦、涩，微寒，归肺、肝、大肠经，具有清热解毒、消肿、止血之功效，主治热病惊搐、破伤风、赤痢、痈肿、瘰疬、肺热咳嗽、热泻、吐血、衄血、口舌生疮、痔疮出血、蛇虫咬伤。

白　芷

　　白芷（*Angelica dahurica*）为伞形科当归属植物。别名香白芷、香芷、芳香、薜芷、川白芷、杭白芷、香白芷。

一、形态特征

　　多年生高大草本，高 1～2.5 m。根粗大圆锥形，直生，直径 3～5 cm，有时有数条支根，外表皮黄褐色至褐色，有浓烈气味。茎粗大，近于圆柱形，基部径 2～5 cm，有时可至 7～9 cm，通常带紫色，中空，有纵长沟纹，基部光滑无毛，近花序处有短柔毛。基生叶一回羽状分裂，有长柄，叶柄下部有管状抱茎边缘膜质的叶鞘；茎上部叶二至三回羽状分裂，叶片轮廓为卵形至三角形，长 15～30 cm，宽 10～25 cm，叶柄长 15 cm，下部为囊状膨大的膜质叶鞘，无毛或稀有毛，常带紫色；末回裂片长圆形、卵形或线状披针形，多无柄，长 2.5～7 cm，宽 1～2.5 cm，急尖，边缘有不规则的白色软骨质粗锯齿，具短尖头，基部两侧常不等大，沿叶轴下延成翅状；花序下方的叶简化成无叶的、显著膨大的囊状叶鞘，外面无毛。复伞形花序顶生或腋生，总花梗长 10～30 cm，花序梗、伞辐和花柄均有短糙毛；伞辐 10～40，中央主伞有时伞辐多至 70；总苞片通常缺或有 1～2 片，成长为卵形膨大的鞘；小总苞片 5～16 片，线状披针形，膜质；无萼齿；花瓣倒卵形，花瓣 5，白色，顶端内曲成凹头状；子房无毛或有短毛；花柱比短圆锥状的花柱基长 2 倍；雄蕊 5，花丝细长伸出于花瓣外；子房下位，2 室，花柱 2，短，基部黄白色或白色。果实长圆形至卵圆形，黄棕色，有时带紫色，长 4～7 mm，宽 4～6 mm，无毛，背棱扁，厚而钝圆，近海绵质，远较棱槽为宽，侧棱翅状，较果体狭；棱槽中有油管 1，合生面有油管 2。花期 6～8 月，果期 8～9 月。

二、产地

　　白芷原产青海东南部、甘肃南部及四川北部，目前国内北方各省份多栽培供药用，主产河北、河南、黑龙江、吉林、辽宁、内蒙古等地。

三、生长环境

白芷喜温和湿润、光照充足的气候环境，怕高温、耐寒，适应性较强，我国各地均有栽培。白芷主根粗长，入土较深，喜肥，宜种植在土层深厚、疏松肥沃、湿润而又排水良好的沙质壤土地，在黏土、土壤过沙、浅薄地种植则主根小而分权多，亦不宜在盐碱地栽培，不宜重茬。冬季若土壤干旱而遇冻害，幼苗容易冻死，但若土壤湿润，则幼苗可忍受 -8～-6 ℃低温。常生长于林下、林缘、溪旁、灌丛及山谷地。

四、栽培技术

（一）繁殖方法

在收获白芷时选主根如拇指粗、生长健壮、不分权的根条作为种根，单独另行培育。选肥沃的地块作为留种园，施足基肥，每亩施用腐熟农家肥 2 000～3 000 kg，深翻 25～30 cm，整平耙细作高畦栽种。按行距 70 cm、株距 50 cm 挖穴，每穴栽入 1 株，根稍斜，栽后覆盖细肥土，厚 3 cm 左右，再盖土与畦面齐平。出苗后中耕除草 1 次。翌春 2 月再进行中耕除草，并于株旁开沟施入腐熟有机肥 5～10 kg，后覆土盖肥培于株旁，以促幼苗生长；5 月抽薹前增施 1 次高磷高钾复合肥（10 - 20 - 20）15～25 kg，促进籽粒发育饱满。留种白芷 6～7 月抽薹开花、结籽，8 月种子陆续成熟。在第 2 年 5 月往往有少数植株生长特别旺盛，将要抽薹开花。这种白芷所结种子不能作为种用，因用后即将提前抽薹开花。而且因主茎顶端种子形成的植株易提前开花，其根常不能入药，而主茎花序下部以及二、三级花序枝结的种子一般不饱满。因此采种时，应当选采主茎花序中部一级枝上结的种子。生长较好的母株，选有关部位上的种子，播后出苗率高，成活率也最高，种后抽薹率低。当果实变为黄绿色时，连果序剪下，随熟随采。采后扎成小束，挂于通风、阴凉、干燥处晾干，10～15 d 后筛选出种子，除去杂质。用麻袋装好置干燥通风处储藏备用。白芷种子寿命约 1 年。每亩种子田可收获种子 120～150 kg。

（二）整地播种

种白芷宜选择地势高燥、土层深厚、疏松肥沃、排水良好的沙质壤土为好。林间种植，郁闭度应小于30％，深翻土壤30 cm以上，让其暴晒数日后，再耕翻1次。结合整地，每亩施用腐熟农家肥2 000～3 000 kg作为基肥。然后，整平耙细，做成宽1.3 m的高畦，四周开好较深的水沟，将畦面耧成龟背形，表土层要求疏松细碎。

(三) 播种

白芷对播期要求较严，通常于9月上旬至10月下旬播种，但在气候温暖的地区，可延至霜降之前播完；气候较凉的地区，宜于处暑以后白露之前播种。过早播种，白芷当年生长过旺，第2年多数植株抽薹开花，使根部空心腐烂不能药用；过迟播种，幼苗出土，易遭冻害。因此，适时播种是白芷高产的关键。

白芷宜采用直播，若育苗移栽，则主根多分杈，且生长不良。直播宜采用穴播，按行距30～35 cm、株距25～30 cm挖穴，穴深8～10 cm，穴底挖松铲平。穴播每公顷用种1～1.5 kg。亦可条播或撒播。条播行距30 cm左右，沟宽10 cm，深7～9 cm，将种子拌草木灰均匀地播入沟内。条播每亩用种1.2～2 kg。穴播或条播后覆土，以不见种子为宜。然后畦面盖草保湿，15～20 d即可发芽出苗。

(四) 田间管理

1. 中耕除草与间苗

出苗当年苗高5 cm左右开始第1次间苗，穴播的每穴留小苗5～7株，条播的每隔3～5 cm留小苗1株。苗高10 cm左右时第2次间苗，穴播的每穴留小苗3～5株，条播的每隔7～9 cm选留小苗1株。间苗时选留叶柄呈青紫色的小苗。凡幼苗叶柄为青白或黄绿色、叶片集中在上部、生长过旺的幼苗，将来常会提前开花，造成根部空心，应一律拔除。翌年2月下旬进行最后1次间苗，即定苗，穴播的每穴定苗3株，条播的每隔10～15 cm（即株距）定苗1株。按拔大留小的原则定苗，避免白芷生长过旺抽薹开花。但在年内出苗后不追肥，生长弱小的幼苗，应掌握拔小留大的原则，每次间苗后，结合中耕除草1次。

2. 追肥

科学施肥是提高白芷产量和质量的关键。施肥过多，生长过旺，易造成抽薹开花，降低产量；施肥不足，生长不良，产量亦低。一般追肥3次，第1次结合间苗进行，每亩施入三元复合肥（15-15-15）10～15 kg；第2次于定苗后，每亩施入高氮高钾复合肥（20-10-20）10～

15 kg；第 3 次于清明后，每亩施用腐熟农家肥 2 000～3 000 kg，撒施于畦面，施后盖土。

3. 排灌水

保持田间土壤湿润，土壤过于干燥，对主根生长不利，会使支根增多，影响白芷产量和质量。因此，遇干旱时要及时灌水，加强田间水分管理。但雨水过多，排水不畅，田间湿度过大，会引起烂根等病害，要及时排涝。

4. 除抽薹苗

白芷播后翌年 5～6 月，有少数植株生长过旺，将要抽薹开花，应及时拔除。因白芷一经开花就要空心或烂根，不能供药用；而所结的种子，多不发芽，亦不能作为种用。

5. 病虫害防治

白芷常见病害有斑枯病，又名白斑病，常在生长后期发生，主要危害叶片，病斑为多角形，初期暗绿色，后变为灰白色，上面生有黑色小点，可使叶片全部枯死。防治方法：及时清除病叶并集中烧毁；发病前或初期用波尔多液或 65% 代森锌可湿性粉剂 400～500 倍液喷雾，7～10 d 喷 1 次，连续 2～3 次。

虫害主要为黄凤蝶幼虫、红蜘蛛及蚜虫等。对于黄凤蝶幼虫可用 90% 敌百虫 800 倍液喷雾，每隔 5～7 d 喷 1 次，连续 3 次。红蜘蛛的防治方法为冬季清园，拾净枯枝落叶集中处理，4 月开始喷 25% 杀虫脒水剂 500～1 000 倍液，每周一次，连续数次。

五、采收与加工

春播白芷当年 10 月中下旬收获。秋播白芷第 2 年 9 月下旬至 10 月上旬采收。一般在叶片枯黄时开始收获，选晴天采挖，抖去泥土，运至晒场，进行加工。

收获时选晴天，割去地上部分，然后用齿耙小心依次挖取全根，抖去泥土，运至晒场，剪去残存叶茎，除去须根，按大、中、小分级，分别堆放晾晒 1～2 d。白芷肉质根含大量淀粉，一般不易晒干。晒时切忌淋雨，晚上一定要收回摊放，否则易霉烂。

规模化生产白芷，收获后如遇阴雨天气会很快腐烂，可用烤房烘干。烘烤时应将头部向下、尾部向上摆放（最好不要横放），同时注意分开大小，根大者放在下面，中等者放在中间，小者放在上面，侧根放在顶层，每层厚度以 7 cm 左右为宜，温度保持在 60 ℃左右为宜；烤时不要翻动，以免焦心、枯心，一般经过 6～7 d 全干，然后装包，存放于干燥通风处即可。

六、功效

白芷以根入药，味辛，性温，归肺、脾、胃经，具有祛风散湿、解表散寒、生肌止痛、通鼻窍、燥湿止带、消肿排脓、祛风止痒的功效，主治风寒感冒、头痛、牙痛、白带、痈疖肿毒、风湿痹痛、鼻渊、皮肤燥痒、疥癣等。

白头翁

白头翁（*Pulsatilla chinensis*）为毛茛科白头翁属植物。别名老婆子花根、毛骨朵花、白头草、老姑草、菊菊苗、老翁花、老冠花、猫爪子花等。

一、形态特征

宿根草本，植株高 10～45 cm，一般 20～30 cm。根状茎粗 0.8～1.5 cm。基生叶 4～5，通常在开花时刚刚生出，有长柄；叶片宽卵形，长 4.5～14 cm，宽 6.5～16 cm，3 全裂，中全裂片有柄或近无柄，宽卵形，3 深裂，中深裂片楔状倒卵形，少有狭楔形或倒梯形，全缘或有齿，侧深裂片不等 2 浅裂，侧全裂片无柄或近无柄，不等 3 深裂，表面变无毛，背面有长柔毛；叶柄长 7～15 cm，有密长柔毛。白头翁花葶 1～2，有柔毛；苞片 3，基部合生成长 3～10 mm 的筒，3 深裂，深裂片线形，不分裂或上部 3 浅裂，背面密被长柔毛；花梗长 2.5～5.5 cm，结果时长 23 cm；花直立；萼片蓝紫色，长圆状卵形，长 2.8～4.4 cm，宽 0.9～2 cm，背面有密柔毛；雄蕊长约为萼片之半。聚合果直径 9～12 cm；瘦果纺锤形，扁，长 3.5～4 mm，有长柔毛，宿存花柱长 3.5～6.5 cm，有向上斜展的长柔毛。花期 4～6 月，果期 6～7 月。种子成熟时密集成白色头状，故名白头翁。

二、产地

主产于吉林、黑龙江、辽宁、内蒙古、河北、山东、山西、陕西、江西、河南、安徽等地的山岗、荒坡及田野间。在朝鲜和俄罗斯远东地区也有分布。

三、生长环境

喜凉爽干燥气候，耐寒，耐旱，不耐高温。以土层深厚、排水良好的沙质壤土生长最好，冲积土和黏壤土次之，而排水不良的低洼地不宜栽种。野生白头翁常见于山坡草丛中、林边或干旱多石的坡地。

四、栽培技术

(一) 种子的采收

白头翁的主要繁殖方式是种子育苗移栽。种子的采收一般在 6 月上旬，当 60％的种子黄化成熟时采收种子，过早种子成熟度达不到，出芽不壮，过晚种子就会由自身的羽毛带着随风飞散。

采收回来的种子放在箩筐里在阳光下晾晒，上面盖上纱窗网，以免种子随风飞走。晒到 98％以上的干度时，放在铁网筛子上反复揉搓，直到种子和羽毛都搓碎掉到铁网下为止，白头翁种子很小，一般每千克种子有 50 万粒，播种适时、适当，出芽率可达 80％以上。

(二) 整地

应选择地势稍高、光照充足、排水良好、土质疏松肥沃的沙壤土或壤土栽培；盐碱易涝地、重黏土地不宜种植。林间空地种植白头翁，其郁闭度应小于 30％。选地后根据土壤肥力施肥，以施充分腐熟的农家肥为主，少施化肥。每亩施农家肥 3 000～4 000 kg，翻地深 30～35 cm。将土块耙细后做床，床高 15～20 cm、宽 1.0～1.2 m，床面用耙子耧细，做成微凸床面等待播种。

(三) 播种

选用当年采收的新种子，禁用旧种子。种子用温水浸泡 6 h，捞出沥干水分，用湿麻袋片或纱布包上，放在温水中浸泡 4～6 h，其间换水一次，捞出后沥干水分，放在 25～30 ℃的温度下催芽。催芽期间要适当翻动种子，以免发热。4～6 d 后，当有 70％以上的种子冒出芽尖时即可播种。不能及时播种的放在 2～5 ℃的地方可存放 1 周左右，一般需要放在冰箱里冷藏。播种时按每亩 2.5 kg 种子的量，把种子均匀播到苗床上，然后用过筛细土把种子盖上，一般覆土 0.2～0.5 cm 厚，浇透水，有条件的地方可以用稻草、松树针叶、锯末等物覆盖，以利于水分的保持。

(四) 播后管理

白头翁经催芽的种子一般在播后 4 d 左右出苗，其间注意保持水分，这是育苗成功的关键。苗长到 3 叶 1 心时正值多雨的夏季，要注意排涝，及时除草，避免草荒带来的损失，若苗生长不旺，可以每亩施尿素 4 kg，施后立即浇水或在雨前施肥，以免温度高引起肥害。

（五）移栽

育苗当年的秋季或者次年的春季都可以移栽，也可以培育两年的大苗进行移栽。因白头翁喜干燥凉爽气候，移栽田最好选择不积水的山地阳坡或者果园的林间空地。可做床移栽，也可以垄栽，做床栽培的株距10~15 cm、行距 25~30 cm，垄栽的株距 8~10 cm。移栽后如遇干旱，需要栽后浇透水，白头翁极抗旱，所以缓苗后在无大旱的情况下基本不需浇水。白头翁耐贫瘠，苗期可适当施氮肥；抽薹时要摘除花蕾。

（六）病虫害防治

白头翁在雨季和低洼积水地块易发生根腐病。防治方法：生长期的雨季应注意排水，以防止地内积水；发病期用 50%甲基硫菌灵 800 倍液进行浇灌。

危害白头翁的虫害主要为蚜虫，其主要吸食嫩芽和嫩叶，天气干旱时危害严重。防治方法：在蚜虫发生期用 50%杀螟松 1 000~2 000 倍液喷杀，每周 1 次，直至无蚜虫危害为止。

五、采收与加工

一般移栽后 2 年的秋季收获，刨出后去净秧茬、泥土、杂质，晒干即可。

六、功效

白头翁以干燥根入药，性寒，味苦，归胃、大肠经，具有清热解毒、凉血止痢的功效，用于热毒血痢、阴痒带下等。

白　薇

白薇（*Vincetoxicum atratum*）为夹竹桃科白前属植物。别名山老瓜瓢、爬山甲、山龙瓜、结巴子瓜、春草、芒草、白微、白幕、薇草、骨美、白龙须、龙胆白薇、山烟根子、拉瓜瓢、白马薇、巴子根、金甲根、老君须、老虎瓢根、婆婆针线包、东白微。

一、形态特征

多年生直立草本，高 40～70 cm。根须状，有香气。叶卵形或卵状长圆形，长 5～8 cm，宽 3～4 cm，顶端渐尖或急尖，基部圆形，两面均被有白色茸毛，特别以叶背及脉上为密；侧脉 6～7 对。伞形状聚伞花序，无总花梗，生在茎的四周，着花 8～10 朵；花深紫色，直径约 10 mm；花萼外面有茸毛，内面基部有小腺体 5 个；花冠辐状，外面有短柔毛，并具缘毛；副花冠 5 裂，裂片盾状，圆形，与合蕊柱等长，花药顶端具一圆形的膜片；花粉块每室 1 个，下垂，长圆状膨胀；柱头扁平。蓇葖果单生，向端部渐尖，基部钝形，中间膨大，长 9 cm，直径 5～10 mm；种子扁平，种毛白色，长约 3 cm。花期 4～8 月，果期 6～8 月。

二、产地

全国大部分地区有分布，主产于黑龙江、吉林、辽宁、山东、河北、河南、陕西、山西、四川、贵州、云南、广西、广东、湖南、湖北、福建、江西、江苏等地。朝鲜和日本也有分布。

三、生长环境

白薇属于阳性植物，野生于海拔 100～1 800 m 土壤瘠薄的阳坡或半阳坡的山坡、草丛、林中、林中草甸、疏林边缘，喜温和湿润的气候，耐寒，不耐涝，以排水良好、土壤肥沃、土层深厚、富含腐殖质的沙质壤土或壤土为宜。

四、栽培技术

(一)选地整地

育苗地选择土层深厚、疏松肥沃、排水良好的沙质壤土，pH 6.5～8.5，地势平坦或缓坡地。郁闭度小于40％的林地均可种植。选地后施足基肥，每亩施腐熟有机肥1 000～2 000 kg，掺混三元复合肥（15 - 15 - 15）50 kg，深翻20～30 cm，将碎土整平，做宽1.0～1.4 m、高15～20 cm的床，长度视地势而定，床间作业道宽40 cm。

(二)播种

种子直播一般在3～4月中下旬进行，可采用条播或穴播。条播行距30 cm，开1～1.5 cm的浅沟，将种子均匀播撒于沟内，覆土0.5～1 cm厚后稍加镇压，然后立即浇水。穴播行距30 cm、株距25 cm，每穴播种5～10粒，覆土0.5～1 cm厚，用脚踩平。一般每亩播种量为1.5～2.0 kg。温度在20 ℃左右时，播种15 d左右即可出苗。

育苗移栽的一般在4月中旬播种。选向阳地块作畦，在畦面上开浅沟，将种子均匀撒在畦面上，用铁耙把畦面耙平，用细土盖严种子，稍加镇压后浇1次透水，播后至出苗前要保持床面湿润。一般每亩播种量为1.5～2.0 kg。在向阳处选好移栽地，和直播一样先整好地。苗高10 cm左右时进行移栽，行距30 cm，株距25 cm。

(三)田间管理

1. 中耕及间苗

幼苗出土、移栽成活后及时中耕除草，保持田间无杂草，以免杂草抢占养分和生长空间，影响幼苗的生长。松土时要注意不宜过深，以免对幼苗根系造成损伤。在干旱时要及时浇水，但在雨季要做好排水措施，以免根系腐烂。

幼苗生长过密，必须进行间苗。将细小、瘦弱、密生的苗拔除。直播田，当幼苗长出3～4片真叶时，即可松土除草，以后再进行3～4次。移植田，在成活后松土除草3～4次，同时培土。经常灌水，特别在5～6月，要注意浇水，保持土壤湿润。植株开花后，如果不需要留种，可以将花茎剪除，减少养分消耗，使养分集中供给根系，以利根的生长，提高产量。

2. 追肥

在 6～8 月追肥 1～2 次，促进植株生长。第 1 次施肥于 6 月进行，每亩追施腐熟有机肥 1 500 kg；第 2 次追肥于 7 月下旬或 8 月下旬进行，每亩追施腐熟有机肥 1 500 kg、高磷高钾复合肥（10 - 20 - 20）25 kg，沟施，施肥后浇水，防止烧苗。

3. 病虫害防治

白薇抗逆性较强，所以在种植时很少有病虫害发生，但在高温多雨季节易发生根腐病，所以在雨季时要及时排水。夏季要注意防治蚜虫，为减少药害，可用黄板诱杀，必要时采用 10％吡虫啉可湿性粉剂 1 000 倍液或者 50％灭蚜净乳油 4 000 倍液喷雾防治。

五、采收与加工

早春、晚秋均可采收。以秋季采收为佳。采掘后，除去地上部分茎叶及泥土，洗净，稍浸，润透，切段，晒干。

六、功效

白薇以根及根茎入药，性寒、味苦，入肺、胃、肾经，有清热凉血、利尿通淋、解毒疗疮的功效，主治温邪发热、阴虚内热、肺结核潮热、肺热咳嗽、骨蒸劳热、产后血虚发热、浮肿、小便赤涩、淋病、血淋、尿路感染、痈疽肿毒。

知　　母

知母（*Anemarrhena asphodeloides*）为百合科知母属植物。别名兔子油草、穿地龙、蒜辫子草、羊胡子根、地参、蚔母、连母、野蓼。

一、形态特征

多年生草本，根状茎粗 0.5～1.5 cm，被残存的叶鞘所覆盖。叶长 15～60 cm，宽 1.5～11 mm，向先端渐尖而成近丝状，基部渐宽而成鞘状，具多条平行脉，没有明显的中脉。花葶比叶长得多；总状花序通常较长，可至 20～50 cm，苞片小，卵形或卵圆形，先端长渐尖；花粉红色、淡紫色至白色；花被片条形，长 5～10 mm，中央具 3 脉，宿存。蒴果狭椭圆形，长 8～13 mm，宽 5～6 mm，顶端有短喙；种子长 7～10 mm。花果期 6～9 月。

二、产地

我国东北、西北、华北均有分布，主产于河北山区、山西、山东、甘肃、内蒙古、陕西、吉林、辽宁等地，以河北易县产品最佳，称"西陵知母"。朝鲜也有分布。

三、生长环境

知母适应性很强，喜温和气候，耐寒、耐旱，喜光。除幼苗期须适当浇水外，生长期内，土壤水分过多，生长不良且易烂根。以土质疏松肥沃、排水良好的沙质壤土和腐殖质壤土为好，土质黏重、排水不良的低洼地不宜种植。野生知母常见于海拔 1 450 m 以下的向阳山坡、草原和杂草丛中、林间或林缘空地。

四、栽培技术

（一）选地、整地、施肥

种植知母宜选择土壤疏松肥沃、排水良好且阳光充足的地块。我国北方地区，林间空地及林缘地带均可种植，但郁闭度应小于20%。选好地块后，每亩施腐熟农家肥1 000～2 000 kg，掺混三元复合肥（15-15-15）50 kg作为基肥，深翻25～30 cm，整平耙细，做成1.3～1.5 m宽的高畦栽种，畦沟宽40 cm，四周开好排水沟，以利排水。

（二）栽培方式

1. 种子繁殖

知母种子的发芽率并不高，播种宜选用储藏期在2年以内的种子。知母种子冬播当年不出苗，多是春季播种。在3月下旬，将种子用60 ℃温水浸泡8～12 h，捞出晾干外皮，用2倍的湿细沙拌匀，在向阳温暖处挖浅窝，将种子堆于窝内，上面盖5～6 cm厚的土，再用农膜覆盖。待多数种子的胚芽刚刚打破种皮伸出时即可播入大田。在整好的畦面上按行距20～25 cm开沟，沟深2 cm。将催芽的种子均匀地撒入沟内，覆细土、盖平，稍镇压，10～12 d出苗，直播用种量为每亩1 kg左右，育苗用种量为每亩10～15 kg，育苗1亩，可移栽大田10亩。

2. 根茎繁殖

春、秋季均可进行。地上茎叶枯萎后至春季萌芽前，将地下根茎刨出，剪去须根，选择丰满无病害的根状茎切成4～6 cm的小段，每段带芽头1～2个，按行距15～20 cm开沟，株距10～12 cm，栽种后刮平畦面，稍镇压即可，覆土后浇水。亩用种秧150 kg左右。

（三）田间管理

1. 中耕除草

知母栽植或播种后，待幼苗高3～4 cm时浅锄松土，以后一般每年除草松土2～3次。由于根茎多生长在表土层，因此，雨后和秋末要注意培土。生长期保持地内土壤疏松无杂草，以利幼苗生长。

2. 水肥管理

知母对肥料的吸收能力很强，故除施足基肥外还须追肥。氮肥对知母根茎增产效果明显，钾肥次之。每年5～8月，追肥2次，每次每亩施用高氮高钾复合肥（20-10-20）20～25 kg，秋末冬初应施腐熟农家肥2 000～3 000 kg。封冻前浇一次越冬水，以防冬季干旱；春季萌芽出苗后，若土壤干旱，应及时浇水。雨后及时疏沟排水。

3. 打薹

知母抽薹开花后，消耗很多养分，影响地下茎的生长。因此，除留种地之外，及时剪去花薹，促进地下茎增粗生长，是知母增产的重要措施之一。

4. 病虫害防治

知母的抗病害能力较强，地上部分一般不感染病害。在 6～8 月，每半月喷洒敌克松稀释液或根腐宁稀释液，进行根腐病的预防。

地下害虫主要是蛴螬，危害植株根部，造成断苗或根茎部空洞。防治方法：知母播种或栽种前每亩用 10% 二嗪磷颗粒剂 0.15 kg 掺拌 15～30 kg 细沙，混匀后撒于播种沟或栽种穴内。生长期间如有蛴螬危害，即实施灌根。在蛴螬发生较重的园地，用 50% 辛硫磷乳油 1 000 倍液或 80% 敌百虫可湿性粉剂 800 倍液进行植株灌根，灌药量为每株 150～250 mL，可以杀灭知母根际附近的幼虫。

五、采收与加工

用种子繁殖的知母需生长 3 年收获，用根茎繁殖的需生长 2 年收获。秋、春季收获皆可。秋季收获宜在 10 月下旬或 11 月上旬生长停止后，春季收获宜在 3 月上旬未发芽之前。

将采挖的知母根茎，去掉芦头和须根，晒干或烘干，用文火、细沙炒制，至能用手搓擦去须毛时，将根茎捞出，趁热搓去须毛，保留黄茸毛，晒干即成毛知母。

将挖出的根茎先去掉芦头及地下须根，趁鲜刮去带黄茸毛的表皮，晒干即是知母肉。

六、功效

知母以根茎入药，味苦、甘，性寒，归肺、胃、肾经，具有清热泻火、滋阴润燥的功效，用于外感热病、高热烦渴、肺热燥咳、结核病发热、热性病高烧、糖尿病、骨蒸潮热、内热消渴、肠燥便秘等。此外，知母中所含的皂苷类成分对常见致病性皮肤癣菌及其他致病菌有抑制作用。

五味子

五味子（*Schisandra chinesis*）为五味子科五味子属植物。别名北五味子、辽五味、山花椒、乌梅子、玄及、会及、五梅子、山花椒、壮味、五味、吊榴。

一、形态特征

多年生落叶木质藤本，根茎发达，生有须根。缠绕茎长达数米，不易折断。除幼叶背面被柔毛及芽鳞具缘毛外余无毛；幼枝红褐色，老枝灰褐色，常起皱纹，片状剥落。幼枝上叶互生，老枝上叶多簇生；叶膜质、宽椭圆形、卵形、倒卵形、宽倒卵形，或近圆形，长 3～14 cm，宽 2～9 cm，先端急尖，基部楔形，上部边缘具胼胝质的疏浅锯齿，近基部全缘；侧脉每边 3～7 条，网脉纤细不明显；叶柄长 1～4 cm，两侧由于叶基下延成极狭的翅。雄花花梗长 5～25 mm，中部以下具狭卵形、长 4～8 mm 的苞片，花被片粉白色或粉红色，6～9 片，长圆形或椭圆状长圆形，长 6～11 mm，宽 2～5.5 mm，外面的较狭小；雄蕊长约 2 mm，花药长约 1.5 mm，无花丝或外 3 枚雄蕊具极短花丝，药隔凹入或稍凸出钝尖头；雄蕊仅 5～6 枚，互相靠贴，直立排列于长约 0.5 mm 的柱状花托顶端，形成近倒卵圆形的雄蕊群；雌花花梗长 17～38 mm，花被片和雄花相似；雌蕊群近卵圆形，长 2～4 mm，心皮 17～40，子房卵圆形或卵状椭圆体形，柱头鸡冠状，下端下延成 1～3 mm 的附属体。聚合果长 1.5～8.5 cm，聚合果柄长 1.5～6.5 cm；小浆果红色，近球形或倒卵圆形，径 6～8 mm，果皮具不明显腺点；种子 1～2 粒，肾形，长 4～5 mm，宽 2.5～3 mm，淡褐色，种皮光滑，黄褐色或红褐色，质坚硬。花期 5～7 月，果期 7～10 月。

二、产地

产于黑龙江、吉林、辽宁、内蒙古、河北、山西、宁夏、甘肃、山东。朝鲜和日本也有分布。

三、生长环境

五味子喜光，但有耐阴的特性，幼苗期尤忌烈日照射。喜湿润的环境，不耐旱，也不耐涝。喜凉爽气候，抗寒力强。野生五味子生长在海拔 1 200～1 700 m 杂木林缘、山沟溪流两岸的小乔木及灌木丛间，缠绕在其他树上。喜土质疏松肥沃、湿润无积水、微酸性腐殖土。

四、栽培技术

（一）繁殖技术

野生五味子除种子繁殖外，也靠地下横走茎繁殖。在人工栽培条件下，主要采用种子繁殖。有学者进行了扦插、压条和种子繁殖的研究。扦插、压条虽然也能生根发育成植株，但生根困难，处理时要求条件不易掌握。种子繁殖方法简单易行，并能在短期内获得大量苗子。

1. 选种

最好在秋季收获期间选留果粒大、无病虫害、均匀一致的果穗作为种用，果实成熟时采下，单独干燥和保管，干燥时切勿火烤、炕烘或锅炒。可晒干或阴干，放通风干燥处储藏。

2. 种子处理

五味子的种子有后熟现象。播种前，种子需经过低温处理才能打破休眠。先用温水浸泡，使果实发胀，搓去果肉，用清水漂洗除去剩余果肉、杂质。五味子的秕粒很多，出种率 60% 左右，在搓果肉的同时可将浮在水面上的秕粒捞掉。取出饱满的种子用清水浸泡 4～7 d，使种子充分吸水。浸泡期间要经常换水，以免发霉。浸泡后捞出控干，与 2～3 倍于种子的湿沙混匀，放入室外准备好的深 0.5 m 左右的坑中，上面覆盖 10～15 cm 厚的细土，再盖上柴草或草帘子，进行低温处理。翌年 5～6 月即可裂口播种。

3. 选地整地

选择地势平坦、水源方便、排水好、疏松肥沃、富含腐殖质的沙壤土地块。要求土层厚 15 cm 以上。选好地块后，在秋季土壤结冻前进行整地，先每亩施腐熟农家肥 1 000～2 000 kg，掺混三元复合肥（15-15-15）50 kg 作为基肥，深翻 25～30 cm，整平耙细，四周开好排水沟，以利排水。低洼易涝、雨水多的地块可做成高床，高燥干旱、雨水较少的地块可做成平床，床宽 1.2～1.5 m，床高 15～20 cm，床长视地势而定。

4. 播种

经层积处理的种子，一般于 4 月中旬到 5 月下旬播种，也可在 8～9 月播种当年采收的、除去果肉与杂质的鲜籽。采用条播，行距 15 cm 左右，横向开深 2～3 cm 的沟，整平沟底。育苗地每平方米用种 30～50 g（直播地每公顷用种量 75 kg）。播种后覆土约 3 cm 厚，浇足水，上面盖一层稻草等，以保温、保湿。

5. 苗期管理

五味子的幼苗怕夏季烈日暴晒，在林间种植，如果郁闭度为 30% 以下，要搭棚架遮阴，保持透光率 40%～60%。经常浇水，以保持土壤湿润，适时松土、除草。播种后半个月，开始出苗，苗出 60% 左右，除去覆草。当幼苗长到 3～4 片真叶时，按株距 5～7 cm 定苗，去弱留壮。同时每亩施三元复合肥（15-15-15）10 kg。

（二）移栽

人工栽培五味子可选择山坡、河谷、溪流两岸、林缘或林间空地、灌木丛中，土壤肥沃和通风透光的地方。选好地后每亩施腐熟有机肥 2 000～3 000 kg，同时掺混三元复合肥（15-15-15）50 kg 作为基肥，深翻 25～30 cm，整平耙细。

育苗的五味子，2 年后可以移栽。定植前需对苗木进行定干，在主干上剪留 4～5 个饱满芽，并剪除地下横走茎。剪除病腐根系，回缩过长根系。按行距 1 m，株距 0.5 m 挖穴，穴深 30～40 cm，直径 40 cm 左右，将苗木根部放入穴内，使根系舒展，用细土埋根部，轻轻踏实，再提苗，防止窝根与倒根。灌足水后，填土至地平。

（三）田间管理

1. 搭架

五味子为缠绕藤本植物，又需要有一定的遮阴条件，当有支架缠绕、通风透光时，结果率高。因此，如栽培地无自然支架，就需人工搭支架。搭支架可因地制宜，杆高 2 m 左右，每个主蔓处立一杆，再用横杆与立杆相连，然后引蔓上架。最初可用绳轻绑，按右旋的方向引蔓，以后可让其自然缠绕。没有自然遮阴条件的，可以人工遮阴，保证透光率 70% 左右。在支架上搭少量树枝，既可遮阴，又可当支架。此外，对自然遮阴过密的，要对遮阴枝进行修剪。

2. 排灌水

五味子不抗旱，也不耐涝。因此干旱时要勤浇水，下雨时要勤排水，以保证土壤湿润，田间又不积水。排灌水的次数因各地不同而变化，一般情况下，在结冻前及孕蕾开花期要浇足水。

3. 肥水管理

五味子喜肥，生长期需要足够的水分和营养。栽植成活后，要经常灌水，保持土壤湿润，结冻前灌一次水，以利越冬。孕蕾开花结果期，除需要足够水分外，还需要大量养分。每年追肥 1～2 次，第 1 次在展叶期进行，第 2 次在开花后进行。一般每株可追施腐熟农家肥 5～10 kg。追施方法：可在距根部 30～50 cm 周围开 15～20 cm 深的环状沟，施入肥料后覆土。或者每亩施腐熟农家肥 2 000～3 000 kg，开沟条施。开沟施肥时勿伤根系。冬季气候寒冷的地区，入冬前在五味子基部培土，可以保护五味子安全越冬。

4. 中耕除草

五味子田间要经常除草，要除早、除尽。生育期间也要经常松土，促进根系生长。入冬前，注意根部培土，以利越冬。

5. 修剪

过密枝、重叠枝、弱枝、病虫枝、枯枝都要剪掉。此外，根据五味子本身的特性，对基生枝除更新需要外，其余的全部剪掉。短结果枝（节间短、长度 10 cm 以下，多为上一年的结果枝）也要剪掉，对中、长果枝可按枝条间距 8 cm 左右疏剪。每年可按上述要求修剪数次，以保证田间通风透光、枝条伸展、叶片分散。

6. 病虫害防治

危害五味子的病害主要有根腐病、叶枯病、果腐病等。

根腐病 5 月上旬至 8 月上旬发病，开始时叶片萎蔫，根部与地面交接处变黑腐烂，根皮脱落，几天后病株死亡。防治方法：选地势高燥、排水良好的土地种植，发病期用 50% 多菌灵 500～1 000 倍液浇灌根际。

叶枯病 5 月下旬至 7 月上旬发病，先由叶尖或边缘干枯，逐渐扩大到整个叶面，干枯而脱落，随之果实萎缩，造成早期落果。高温多湿、通风不良时发病严重。防治方法：7～10 d 喷施 1 次等量式波尔多液进行预防，发病时可喷施三唑酮或甲基硫菌灵，注意交替用药。

　　果腐病表现为果实表面着生褐色或黑色小点，以后变黑。防治方法：可用 50% 代森铵 500～600 倍液，每隔 10 d 喷 1 次，连续喷 3～4 次。

　　此外，白粉病和黑斑病也是五味子常见的两种病害，一般发生在 6 月上旬，这两种病害始发期相近，可同时防治。在 5 月下旬喷 1 次 1：1：100 等量式波尔多液进行预防，如果没有病情发生，可 7～10 d 喷 1 次。白粉病可用 0.3%～0.5% 石硫合剂或三唑酮、甲基硫菌灵喷施防治；黑斑病可用 50% 代森锰锌可湿性粉剂 600～800 倍液喷施防治。如果两种病害都呈发展趋势，可将三唑酮和代森锰锌混合配制进行 1 次性防治。浓度仍可采用上述各自使用的浓度。

　　卷叶蛾幼虫 7～8 月发生危害。成虫暗黄褐色，翅展 25～27 cm，幼虫初为黄白色，后为绿色，初龄幼虫咬食叶肉，三龄后吐丝卷叶取食，影响五味子果实发育，严重时产生落果，造成减产。防治方法：用 80% 敌百虫 1 000～1 500 倍液喷雾防治。

五、采收与加工

　　人工栽培的五味子，3 年就能开花结果，5 年后就可以大量结果，可采果多年。8 月下旬至 10 月上旬，当果实由红色变为紫红色时就可以采收。采收时，轻拿轻放，不要伤果。采收过程中应尽量去除非药用部分及异物，剔除破损、腐烂变质的部分。采收的果实放在席子或水泥地上，摊成薄层，晒至表面抽皱定浆时再翻晒，晒至十成干，搓去果柄，簸去杂质，即为成品。如果碰上阴雨天，也可以烘干。烘干时，温度应控制在 50 ℃左右，温度不可过高，以防止挥发油散失及果实变焦。干燥的果实，以手捏有弹性、松手后能恢复原状为宜。晒干后，扬去果柄与杂质，放通风干燥处储藏。

六、功效

　　五味子以果实入药，味酸、甘，性温，归肺、心、肾经，具有收敛固涩、益气生津、补肾宁心、敛肺滋肾、涩精、止泻敛汗的功效，主治久咳虚喘、梦遗滑精、遗尿尿频、久泻不止、自汗盗汗、津伤口渴、内热消渴、心悸失眠、多梦等。

参考文献

陈贵林，孙淑英，王丽红，等，2019. 30 种常用中药材规范化种植技术 ［M］. 北京：中国农业出版社.

陈随清，2018. 金银花生产加工适宜技术 ［M］. 北京：中国医药科技出版社.

程瑶，潘洪泽，张博，等，2012. 林下无公害刺五加栽培技术 ［J］. 中国林副特产，119（4）：37-39.

邓光武，2002. 天然药材葛根栽培技术 ［J］. 支部生活（5）：44.

冯钰添，彭宪祥，2016. 长白山区高山红景天高产栽培技术研究 ［J］. 农业开发与装备，173（5）：149.

郭靖，王英平，2015. 北方主要中药材栽培技术 ［M］. 北京：金盾出版社.

姜丽，2020. 白薇种植技术及效益分析 ［J］. 特种经济动植物，23（9）：26-27.

鞠文鹏，2015. 辽藁本人工栽培技术 ［J］. 中国林副特产，136（3）：56-57.

亢青选，2002. 新编 65 种常用中药材栽培技术手册 ［M］. 北京：中国农业出版社.

孔屏，高海英，程超，2022. 北方紫苏栽培技术要点 ［J］. 特种经济动植物，25（5）：55-57.

李典友，2019. 常见中草药高效种植与采收加工 ［M］. 郑州：河南科学技术出版社.

宁广亮，何亮，关宇琳，等，2019. 白薇种植技术与效益分析 ［J］. 中国林副特产，162（5）：59-61.

裴度英，2012. 白头翁的人工种植技术 ［J］. 农家科技，319（3）：40.

乔永刚，刘根喜，2018. 蒲公英生产加工适宜技术 ［M］. 北京：中国医药科技出版社.

滕训辉，闫敬来，2017. 黄芩生产加工适宜技术 ［M］. 北京：中国医药科技出版社.

王惠珍，张水利，2018. 板蓝根生产加工适宜技术 ［M］. 北京：中国医药科技出版社.

王晓琴，李旻辉，2018. 桔梗生产加工适宜技术［M］. 北京：中国医药科技出版社．

王彦辉，2016. 北升麻规范化栽培技术［J］. 农业开发与装备，175（7）：136.

王梓贞，2022. 欧李寒地丰产栽培技术［J］. 果树实用技术与信息，328（3）：10-12.

谢晓亮，杨太新，2015. 中药材栽培实用技术500问［M］. 北京：中国医药科技出版社．

闫敬来，滕训辉，2017. 柴胡生产加工适宜技术［M］. 北京：中国医药科技出版社．

杨洪秀，尹志海，2012. 白头翁栽培管理［J］. 特种经济动植物，15（4）：41.

杨维泽，杨绍兵，2018. 黄精生产加工适宜技术［M］. 北京：中国医药科技出版社．

张春红，张娜，2017. 甘草生产加工适宜技术［M］. 北京：中国医药科技出版社．

周成明，靳光乾，张成文，等，2014.80种常用中草药栽培、提取、营销［M］. 3版. 北京：中国农业出版社．

周志杰，谷佳林，尹鑫，2019. 中药材加工、鉴质实用技术［M］. 北京：中国农业大学出版社．

朱建芬，2019. 食用玫瑰高产栽培技术［J］. 农村新技术，472（12）：11-13.

图书在版编目（CIP）数据

北方林间中药材栽培技术 / 谷佳林，周志杰，魏丹
主编. —北京：中国农业出版社，2023.10
ISBN 978-7-109-30810-7

Ⅰ.①北… Ⅱ.①谷… ②周… ③魏… Ⅲ.①药用植
物—栽培技术 Ⅳ.①S567

中国国家版本馆 CIP 数据核字（2023）第 111646 号

中国农业出版社出版

地址：北京市朝阳区麦子店街 18 号楼
邮编：100125
责任编辑：郭　科
版式设计：王　晨　责任校对：吴丽婷
印刷：北京通州皇家印刷厂
版次：2023 年 10 月第 1 版
印次：2023 年 10 月北京第 1 次印刷
发行：新华书店北京发行所
开本：880mm×1230mm　1/32
印张：5.75
字数：182 千字
定价：38.00 元